共情力与同理心

叶鸿羽 ◎ 著

图书在版编目（CIP）数据

共情力与同理心 / 叶鸿羽著 .-- 北京 : 华夏出版社有限公司 , 2020.10
ISBN 978-7-5080-9985-9

Ⅰ . ①共… Ⅱ . ①叶… Ⅲ . ①心理学—通俗读物 Ⅳ . ① B84-49

中国版本图书馆 CIP 数据核字（2020）第 170242 号

共情力与同理心

著　　者	叶鸿羽
责任编辑	赵　楠
出版发行	华夏出版社有限公司
经　　销	新华书店
印　　装	旭辉印务（天津）有限公司
版　　次	2020 年 10 月北京第 1 版　2020 年 10 月北京第 1 次印刷
开　　本	880×1230　1/32 开
印　　张	7.5
字　　数	160 千字
定　　价	49.80 元

华夏出版社有限公司　网址：www.hxph.com.cn　地址：北京市东直门外香河园北里 4 号　邮编：100028
若发现本版图书有印装质量问题，请与我社营销中心联系调换。电话：（010）64663331（转）

前言

共情力与同理心相辅相成。共情力让我们对他人的处境感同身受，同理心让我们设身处地为对方考虑，将心比心。与人性中自利的一面相对，共情力与同理心构成了人性中利他的一面，两者对立统一，才是完整的人性。自利让我们追求个人欲望的满足，与他人竞争；利他则促使我们互惠互助，彼此合作，在他人陷入困境时施以援手。没有自利的驱动力，人类社会就失去了竞争的活力和进步的源泉；没有共情力与同理心，人们便无法共处与合作，人类社会便会瓦解，我们就会陷入生存危机。

培养自己的共情力与同理心，是我们每个人人生的必修课。一个缺失共情力与同理心的人，无法理解他人的情绪、感受、想法、需求，或者虽然能够理解这些，却无动于衷。这样的人无法与人正常交往、和睦相处，更无法与人建立融洽、亲密、持久的人际关系。在他的世界里，一切以自我为中心，其他人要么是自己前进道路上的绊脚石，要么是供自己踩踏的垫脚石，是为自己服务的工具。他的人格是不完整的，人性是残缺的。

人际交往是互惠互助的。缺乏共情力与同理心的人从不给予他人关爱和支持，又如何能得到他人的关心和理解、支持与帮助呢？他的人生道路必然是坎坷不平、荆棘密布的，他承受的挫折和打击

共情力与同理心

也会比常人更多,即便侥幸成功,他也是形单影只,生活在情感荒芜的孤岛上,表面的成功无法掩盖其内心深处的孤独,幸福对他来说遥不可及。

没有共情力和同理心的人会受到身心健康问题的困扰,因为我们的快乐主要来自人与人的交往,来自亲密、融洽的人际关系。如果没有这些,成功的快乐我们就无法与人分享,失败的痛苦也没人帮我们分担,负面情绪积聚在内心,无处宣泄,心理障碍随之而来,健康问题因之而生,幸福、快乐又从何谈起?

培养共情力与同理心,为的是让我们自己体会到生命中更多的美好,我们要从现在做起,从一件件小事做起,从帮助身边的每个人做起。

目 录

第一章　增强我们的感知能力——共情力

共情是天赋，也是能力　002

帮助他人，快乐自己　008

共情力让爱更长久　014

用共情力去读懂他人的心思　021

第二章　了解自己的共情天赋——共情类型

可传递的身体疼痛　026

深度交流带来的孤独感　032

带着理性与他人产生共情　038

敏锐地感受自然界　046

第三章　站在对方的角度去理解——共情式倾听

将注意力集中到对方身上　052

走出自我为中心的视角　057

走进他人的感受　063

倾听的四个层次　066

心理上互换位置　074

第四章　错误的人际互动更易使人陷入压力中——共情障碍

共情力过强带来的烦恼　082

情感连接与共情力发展　090

没有情感的共情力　094

将他人视为物品　100

过山车般的情绪　104

接受人与人之间的差异性　110

警惕共情力被恶意利用　116

当共情力遭遇偏见　122

第五章　让我们彼此相连——同理心

根植于人性之中　130

恻隐之心，人皆有之　137

与他人心灵相通的能力　141

同理心让自己感觉更好　147

后天训练出的同理心　154

权威下的服从心理　159

阻断情感反应的距离　165

同理心的局限　174

第六章　挑战错误的认知——同理心的疗愈作用

打开自我察觉之门　182

竞争观念造成的巨大心理压力　192

社会支持的强大疗愈力　200

第七章　走出自我，走进他人内心——改变人际关系

情绪强大的裹挟力　212

你对我敞开心扉，我对你坦诚相待　219

拒绝迅速评判的认知倾向　230

第一章 增强我们的感知能力——共情力

共情是天赋，也是能力

达尔文在他的著作《小猎犬号之旅》中记录了他观察到的一个有趣的现象。达尔文注意到，庞大的羊群往往只有一两条牧羊犬看守，而且距离房屋或牧民都有数公里远。达尔文对牧羊犬看守羊群的能力十分惊讶，而且他还发现牧羊犬尽管是狗，却和羊群建立了非常深厚的友谊。

后来，达尔文了解到，牧民在培养牧羊犬时，都会在它很小的时候就让它与母狗分开，然后找一只羊，每天小狗都会在牧民的带领下吸三至四次羊奶，牧民还会在羊圈里搭一个羊毛窝让小狗居住。在小狗成年后，牧民会将小狗阉割。这样一来，小狗长大后就不会对同类有认同感，反而会将羊群视为自己的同类，去保护羊群，一旦有人接近羊群，牧羊犬就会立刻冲上去。并且，牧羊犬会在傍晚时分将羊群准时带回羊圈。

作为狗，牧羊犬总会遭受其他狗的欺负，即使是家里最小的狗，也会蛮横地追赶牧羊犬。每当这时，牧羊犬就会立刻跑到羊群身边，只要有羊群作为后盾，牧羊犬就不会再害怕，它会由逃跑转变成攻击，开始冲着家狗吠叫。神奇的是，原先十分蛮横的家狗此时会立刻放弃追赶，掉头就跑。据牧民说，不只是家狗，就算是一

第一章 增强我们的感知能力——共情力

群野狗,它们再饥饿也不会去招惹牧羊犬,更不会对守护羊群的牧羊犬发起攻击。这与狗的集群本能密切相关。

人类驯养了许多动物,在人类所驯养的动物中,狗无疑是最特别的,因为它能与人类产生情感上的共鸣,会将人视为其同类社会的一分子。狗是由狼驯化而来,狼和人一样都是群居动物,有着集群的本能。凡是有集群本能的动物,都会对一个群体产生敬畏的感情。当牧羊犬被家狗追击时,它跑回羊群身边,就会觉得自己获得了一大群羊的支持,于是就有了勇气和家狗对抗;而对于家狗来说,它会将狗和羊群视为一个整体,从而出现某种认识上的混乱,觉得对面是一群狗,而自己势单力薄,应该立刻离开。野狗也会产生这样的心理,尽管它明白羊不是狗,但看到牧羊犬领头的羊群时,野狗会部分地认同这是一个由狗组成的群体,自己不是对手。

集群动物都有一种感知同类的能力,例如人类,拥有理解他人情绪和需求的能力,这种能力被称为"共情"。共情力是一项十分重要的能力,它能让我们识别他人的想法和感受。正因为我们能理解他人的内心感受,我们才能组成社会。我们每个人都是共情者,共情是我们与生俱来的天赋,同时也是我们不可或缺的能力。

除了人类外,动物也有共情。牧民在培养牧羊犬时,就运用了狗的共情能力。对于一条狗而言,它会将主人或同类作为共情对象,但它的共情对象并不是从出生起就固定不变的,而是可以通过某种饲养方式进行重塑。在牧羊犬成长的过程中,它所接触到的只有羊群,于是它会将共情对象转移到羊群身上。它对自己的认同

共情力与同理心

是,自己是羊,而非狗,它能从羊群身上满足集群的需求。

牧羊犬能与羊群产生共情,因此它才会去保护羊群,而羊群也会为牧羊犬提供安全感,每当牧羊犬与羊群待在一起时,牧羊犬就会感受到安全,它就会有勇气抵御家狗、野狗之类的外敌。这份勇气不仅保护了牧羊犬,也保护了羊群。

对于集群动物来说,共情是一项十分重要的能力,我们的感知能力因共情力而扩大,因此我们能感知到另一个人的感受和想法,这有助于我们的人际交往。共情力是进化给予我们集群动物的天赋,我们生来就在运用共情力与周围环境建立联系,如果没有共情力,我们就无法形成群体,更谈不上合作。

虽说共情力是天赋,但它也是一项需要我们后天通过学习掌握的能力,因为我们的共情力会受到环境的影响。一个人只有在处于一个相互信任、安全的环境中时,他的共情力才会发挥作用,否则他会长期被愤怒和恐惧支配,好像生活在一座孤岛上,只会感受到越来越多的痛苦。

而当一个人身处不安全的环境中时,他是难以做到对别人产生共情的,他会专注于自己的痛苦,而这样只会让他更加孤独和痛苦。只有与他人建立联系,在相互理解的基础上与对方共情,我们才能扩大自己的感知能力。一旦有了共情,我们所感受到的愤怒、恐惧等负面情绪就会消失,我们会因共情重拾安全感,就像被家狗追击的牧羊犬一样,回到羊群后,立刻有了对抗威胁的勇气。

社会群体关系对我们人类来说十分重要,人类在长期进化的过程中，形成了一个个部落，部落与部落之间往往存在着敌对关系，例如为争夺生存资源而发生冲突。这意味着我们的共情力会因社会群体关系不同而发生改变，也就是说共情有彼此之分，我们对"自己人"会产生更强烈的共情。有这样一个实验可以充分证明这一结论。

实验中，当中国人看到中国人脸被扎时，他的脑区活动更显著，看到白种人的脸被扎时就没那么明显的脑区活动；当白种人看到白种人的脸被扎时，他的脑区活动也会更显著，与看到中国人的脸被扎时明显不同。这说明人的共情力有种族之分，一个人通常会对同一种族的人产生更强烈的共情。

我们常常会将共情与同情混淆，这两个词语仅有一字之差，且都在传达爱，但意思却大相径庭。同情的本质是怜悯，当我们看到一个人遭遇不幸时，同情就会出现，这是一种不对等的情感，被同情者不会感受到尊重，双方也不会产生真正的情感共鸣，因为两者在地位上不对等。这种不对等地位会使被同情者处于一种十分尴尬的境地，被同情者不得不矮化自己，他的自尊心会因此受到挫伤。例如一个自尊心强且敏感的人，最讨厌的就是别人的同情，当别人因为同情而向他伸出援助之手时，他会感到恼怒。总之，同情不仅不利于真正平等关系的建立，还会给双方的关系造成阻隔。

共情建立在理解的基础上，或者说共情始于理解。当我们设身处地从另一个人的角度去看待周遭的一切时，我们就能做到理解他人的感受或想法，我们的整个情感就会被调动起来，从而准备付诸行动，想要把对他人的理解之情展现出来，这就有了帮助他人的动力。

共情力与同理心

但这并不意味着共情就是理解。除了理解外,共情还需要加入分享,这是十分关键的一点。如果我们只理解了一个人的感受,而无法分享他的感受,那么我们也无法产生共情。

理解他人的感受,意味着我们只知道对方为什么会出现这样的情绪。如果我们还能分享他的感受,那么我们就会和对方产生情绪上的共鸣,感知到对方的情绪。分享比理解多了一层感知。例如,当我们看到一个人受伤时会不忍直视,这是共情力在起作用,我们感同身受,不仅理解了对方的疼痛,还分享了这份痛感,因此我们不愿意去看,也不愿接受,因为我们感觉到了对方的痛苦。

科学家在研究人的共情时,为了证明动物和人一样也有共情,就在白鼠身上做了一项实验。在实验中,一只白鼠被关在小玻璃管中,另一只白鼠则在玻璃管外,当这只白鼠看到有同类被困在玻璃管内时,它会不停地围绕着玻璃管徘徊,似乎在想办法将被困住的白鼠救出。相反,如果实验者在小玻璃管中装上一团棉花,这只白鼠就无动于衷。

在解救关在玻璃管中的白鼠时,这只白鼠会反复努力,试图将玻璃管打开,第一次它用了很长时间。但当它找到打开的方法后,它很快就将另一只白鼠救了出来。白鼠的这种利他行为与我们人类的亲社会行为十分相似,当看到有人陷入困境时,我们也会尽自己所能帮助对方。这种助人为乐的倾向,正取决于我们的共情能力。

共情不仅仅是我们对他人感受、想法所产生的自动情绪反应,还能促使我们有所行动。在上述实验中,玻璃管外的白鼠对管内的

第一章 增强我们的感知能力——共情力

白鼠产生了共情,它似乎能感受到那只白鼠被困住的痛苦、恐惧。共情使得白鼠更好地理解彼此,从而产生了想要帮助对方摆脱困境的动力。

共情不仅仅止于理解和分享,还会发展出行动,我们会在理解他人感受、想法的基础上采取行动,如果没有采取行动,就不算是真正的共情。总之,真正的共情是以行动为导向的。

帮助他人，快乐自己

亚利桑那州立大学心理学家罗伯特·恰尔蒂尼在研究时发现，如果被试频繁帮助他人，他会产生一种满足感，这种良好的感觉类似于快乐，可以降低被试的压力荷尔蒙，增进其心血管健康并巩固免疫系统。被试在之后的很长一段时期内都会处于一种宁静的状态之中，他的身体会释放出内啡肽，这是一种人体内的天然止痛药，不仅会使人心理上产生愉悦感，还有利于人的身体健康。罗伯特根据这一现象提出了"助人快感"一词，专门来形容助人带给人的愉悦感。

一个人如果长期处于孤立和自私的状态，不给他人提供帮助，那么他就无法体验到助人快感，反而会被焦虑和压力困扰。从表面上看，帮助他人是在为他人提供便利，事实上帮助他人是一个双赢的过程，不仅有利于他人，还会给自己带来愉悦感。一个经常帮助他人的人，他的身体会释放出更多的内啡肽，他会更加健康、幸福、长寿。为他人提供帮助还有助于我们提高自身的共情力，如果一个人长期处于戒备、焦虑和压力之中，他的共情力就会降低，也就意识不到应当给予他人帮助，因为他一直在关注自身的消极情绪。

在电影《天使爱美丽》中，女主角艾米莉是个性格内向的姑娘，她在一家咖啡馆当女侍应生，日子过得平淡无奇。平时，艾米

第一章　增强我们的感知能力——共情力

莉常常独自一人待着,她喜欢将手插进一大袋豆子里,喜欢用勺子敲破烤布丁的表皮,还喜欢收集石子在河面上打水漂,也会独自一人在巴黎四处转转。在咖啡店工作时,艾米莉除了规规矩矩做好自己的事情外,还喜欢观察周遭的一切,例如店外的水果摊老板。

艾米莉平淡无奇的生活被一个铁盒子打破,当时艾米莉正在看新闻,当她听到戴安娜王妃因车祸去世的消息时,手里的化妆品盖子掉在地上,正好撞上了一块墙砖,艾米莉因此发现了藏在墙壁里的铁盒子。这个铁盒子已经锈迹斑斑,显然年代久远,艾米莉打开盒子后发现了许多环法大赛冠军的照片,还有一些赛车模型。艾米莉觉得这一定是某个小男孩的心爱之物,她突然冒出了一个想法,铁盒子的主人如果看到自己的童年珍藏会有什么样的反应,是会高兴、失望还是忧伤?艾米莉有了寻找铁盒子主人的冲动。

在艾米莉的努力下,她找到了铁盒子的主人白拓图,并悄悄地将铁盒子还给了白拓图。当在一旁看到白拓图激动的样子时,艾米莉感到十分快乐。在这件事情中,艾米莉没有获得任何实质性的好处,甚至连白拓图的一声"谢谢"也没得到,但艾米莉获得了助人快感,她因帮助人得到了内啡肽这一天然人体止痛剂。因此她决定继续帮助陌生人,一边将爱意和善意传达给更多的人,一边获得快乐。

一个人如果只关注自己的事情,他自然可以像艾米莉一样过着平淡无奇的生活,但一旦他遭遇了挫折,精神处于充满焦虑和压力的状态之中时,他的生活将会变得十分糟糕,而共情力则能帮助他摆脱这种糟糕的精神状态。艾米莉是个性格内向的姑娘,与许多

共情力与同理心

性格内向者一样,他们喜欢独自一人生活,不喜欢人际交往,但这并不意味着他们不需要共情力。他们和其他所有人一样都需要通过共情力与他人建立联系,而不是只关注自己的事情。艾米莉就通过共情和给予的方式来使自己的生活变得更加丰富多彩,在默默帮助别人的时候,艾米莉依旧是那个内向的姑娘,但她已经和以前不同了,她成了一个快乐的人。

艾米莉在扶着盲人过马路时,会边走边向他讲述街上发生的一切,看到盲人很高兴,艾米莉也很快乐。在艾米莉的撮合下,一对自怨自艾的单身男女成了男女朋友,看到他们开心的样子,艾米莉似乎也品尝到了爱情的甜蜜。

艾米莉的邻居是个患有软骨症的老人,她觉得老人独自一人生活很枯燥,想要帮助老人了解外面精彩的世界,于是她开始坚持为老人录刻节目。

某天,艾米莉突然想到了自己的父亲。艾米莉的父亲是个刻板、枯燥的人,他在艾米莉的母亲去世后一直郁郁寡欢,艾米莉在长大成人后就逃离了那个家,因为父亲让她感到窒息。现在她决定去帮助自己孤僻的父亲,让父亲快乐地度过余生。艾米莉知道父亲是个顽固的老头,如果自己强制让他离开家,他一定会拒绝。后来艾米莉想到一个好办法,她偷偷拿走了父亲摆在母亲墓前的小木偶,并拜托一个经常旅行的朋友,让他带着小木偶去旅游并拍照留念,然后将照片寄给父亲。父亲收到照片的第一反应是吃惊,然后开始思索,最后终于醒悟,拿起行李箱走出家门,开始接触外界的生活，摆脱了抑郁。

后来艾米莉也收获了属于自己的幸福，她注意到一个和自己很相似的男子尼诺。她默默关注着尼诺，了解了许多和尼诺有关的事情，也更加确定尼诺就是那个能和自己携手一生的人。在其他人的撮合下，艾米莉和尼诺有情人终成眷属。

艾米莉天生具有很好的共情力，不然她不会在意外发现铁盒子的时候，立刻感受到铁盒子主人对收藏品的热爱。她的共情力告诉她，当铁盒子主人看到这些童年的珍藏品时一定会十分感动。她似乎感受到了铁盒子主人的激动情绪，因此才会几经波折去寻找铁盒子的主人。

这件事不仅触动了铁盒子的主人，更触动了艾米莉。在此之前，艾米莉一直是独自一人，她从小就喜欢尝试各种有趣的事物，例如拿着相机拍云彩。她不停地给自己的生活找乐子，但这种乐趣远不及帮助他人所得到的快乐。艾米莉在帮助他人的时候使用了共情力，共情力能使艾米莉敏锐地捕捉到他人的需求，当她看到盲人过马路时，会想到盲人需要帮助，甚至还会联想到盲人渴望通过他人的描述来了解周遭发生的一切。

艾米莉在不断给他人提供帮助的时候，渐渐提升了自己的共情能力。随着感知能力的不断提升，她开始对更多的人和事产生共情，例如她的父亲。由于父亲的刻板和郁郁寡欢，艾米莉与父亲之间的关系十分糟糕，每当和父亲接触时艾米莉都会变得很紧张，她从未想过要去和父亲修复这段父女关系。但共情力的提高，使得艾

共情力与同理心

米莉意识到父亲也只是个孤独的老人，也需要他人的关心、需要接触外界。于是，艾米莉决定帮助父亲。

有研究显示，一个人如果在生命早期就热心地给他人提供帮助，他就更容易获得快乐，在成年后更容易与他人产生共情，而且可以一直使自己的身心保持健康。因为我们在帮助他人的时候，也快乐了自己。一个人如果自愿付出一定的时间和精力去帮助有需要的人，他就会得到助人快感。

艾米莉在帮助他人的过程中，为自己的生活增添了许多意义和目标。例如当艾米莉去寻找铁盒子的主人时，她就为自己设定了一个目标，这个目标具有一定的意义，对于艾米莉来说她不必再自言自语打发时间，而是一下班就去寻找线索。当艾米莉成功将铁盒子物归原主后，她的自我价值感得以提高，这是一种令人非常愉悦的感受，可以减轻人的焦虑感和不安感。调查显示，一个总是习惯性地为他人提供帮助的人，他的健康状况更好，更不容易被病痛折磨。

作为个体，人是一种很脆弱的动物，因此我们的祖先才会选择群居生活。群居有利于生存，可如果要适应群居的生活，每个个体就必须学会合作，合作的前提是共情和利他主义心理。在长期的进化过程中，共情和利他主义心理就会逐渐成为我们的本能。在当今社会，由于种种便利，一个人完全可以脱离他人而生活，但这种脱离只能存在于物质层面，不能扩展到心理层面，否则这个人就会出现许多心理问题。

如果一个人完全不在意自己的共情和利他主义心理需求，不

第一章 增强我们的感知能力——共情力

按照生物规律来生活，只在意自己的幸福和利益，那他就会被各种心理问题困扰，在长期的压力和焦虑下，他的身体健康自然会受到影响。相反，如果我们主动帮助他人，我们就会体验到助人快感，帮助他人的同时也快乐了自己。而且我们在主动帮助他人的时候，也在不断提高自己的共情力，共情力的提高有助于我们提高自己的生活质量并增强幸福感。

共情力让爱更长久

慧慧与男友从大学时代相识相知相爱,从大学毕业到备战考研,再到步入社会找工作,两人牵手度过了人生中美好的十年,在慧慧看来,男友就是她的人生伴侣,是要携手一生的人,两人注定要步入婚姻的殿堂。但自从参加工作后,慧慧发现她与男友之间的矛盾越来越多,就像朋友们常说的那样——相爱容易相守难,他们之间的问题开始慢慢浮现。

慧慧想要让男友像以前那样陪着自己,可男友每天都忙着工作,早出晚归,慧慧给他发信息他也经常不回复。有一次慧慧忍不住提醒男友,让他多陪陪自己,甚至还说出了"难道工作比我还重要吗?"的话。男友解释说,他是在为两个人的未来努力赚钱,想要给慧慧提供更好的生活。慧慧这种不理解自己的样子让男友觉得非常委屈和不满,他觉得自己在公司已经够辛苦了,回家还要受气。可慧慧也很不满,她想要的是男友的陪伴,而不是钱。

就这样,慧慧与男友之间的隔阂越来越深,两人经常争吵,脾气也变得越来越暴躁,他们都觉得对方不理解自己,因此心里充满了愤怒和不满,在生活中稍有不顺心的事情就会大发雷霆,双方都感到很痛苦。慧慧想不明白,自己与男友相恋多年,那么多困难都

第一章 增强我们的感知能力——共情力

挺过来了，明明是历尽千辛万苦才修来正果的爱情，为什么现在渐渐变得面目全非？

慧慧总觉得时间是消耗他们感情的凶手，而事实上消耗他们感情的是没有共情的爱。在一段亲密关系中，必然存在爱，但爱并不见得包含了共情，有许多情侣会像慧慧和她的男友一样，明明相爱，却因为共情的欠缺，永远无法彼此理解。这往往会导致爱情无法长久，即使慧慧认定男友是她的灵魂伴侣，他们之间没有共情，迟早也会闹到分手的地步。

在一段关系中，尤其是亲密关系中，无法共情会成为耗尽感情的凶手。随着时间的流逝，双方会渐渐暴露出真实的自我以及自己的需求，希望能得到对方的理解，希望对方能满足自己的某种心理需求。在上述案例中，慧慧希望男友能像以前那样陪伴自己，而男友则希望通过努力工作给两人一个更好的未来。当对方无法满足自己的需求时，各种不满的情绪就会出现。这个时候沟通就变得十分关键了，他们会将自己的不满以及需求表达出来，期待着对方能重视起来并给予自己满足。

在沟通中，共情尤为重要，共情是促进沟通有效进行的必要前提。如果没有共情，双方各自带着不满的情绪沟通，只会使问题变得更加严重，沟通到最后会演变成发泄不满的争吵。我们常说"良言一句三冬暖，恶语伤人六月寒"。这句话充分显示了沟通作用的积极一面和消极一面。积极的沟通会使人觉得温暖，有助于关系的深入，消极的沟通却犹如杀人于无形的利器，会使关系变得更加糟糕。

共情力与同理心

人作为一种高级动物，最独特之处在于意识，与其他动物不同，我们有意识，能感受到自己的存在，感受到自己正在思考和正在感觉着。除了有意识之外，人的共情力也令人惊叹。共情力意味着我们不仅能感受到自己的存在，还能感受到其他人的存在，并在理解的基础上与对方进行互动，分享对方的感受，理解对方的想法。如果没有共情，那么人际关系将无法展开。

当我们处于压力或消极情绪中时，我们的共情力就会消失，我们会将所有的注意力集中在自我感受上，且对他人的想法和感觉毫无觉察，这使得我们很容易陷入愤怒、哀伤和嫉妒等负面情绪中。如果带着这些情绪去沟通，我们往往忍不住去争吵，甚至采用暴力手段。在上述案例中，不论慧慧还是她的男友，双方都觉得委屈，都觉得错在对方，在共情力消失的情况下，即使他们再相爱，沟通也会变成争吵。

这个时候我们美好的一面将不复存在，我们会变得面目可憎，甚至恶语伤人。这会导致双方的关系恶化，使彼此陷入对立的状态，将对方视为敌人，不去理解对方，而是满脑子都在想："他／她错了！为什么要这么对我！"

当男友忙于工作而疏于陪伴慧慧时，慧慧会因为没有得到男友的陪伴而产生失落的情绪，这种情绪一点一点地积攒起来，使得慧慧更加无法与男友产生共情。终于有一天，慧慧向男友表达了自己的不满。这时如果男友能理解慧慧，安抚好慧慧的情绪，并将自己的真实想法告诉慧慧，使慧慧理解自己的苦心，两人的关系就可以

第一章 增强我们的感知能力——共情力

更进一步。但男友没有，他和慧慧一样只考虑到自己的感受，他认为自己每天工作很辛苦，慧慧应该理解他。于是慧慧的不满发展成了愤怒，她开始向男友发泄愤怒情绪，这使得双方的沟通更难以进行下去。

在沟通中，如果一方或双方都带着情绪，且不愿意感受和接纳对方的情绪，那么情绪发泄就会成为表达诉求的一种手段，人与人之间的边界就会变得很模糊，人们会被对方的情绪影响，导致彼此无法分辨哪些情绪是自己的，哪些情绪是受到了对方的影响。因此，想要用共情修补彼此之间破裂的关系，我们就必须学会管理自己的情绪，要做到自己的情绪自己负责，不要将掌控和处理自己情绪的权力扔给对方。在上述案例中，慧慧就一直希望男友能为自己的情绪负责，但男友根本没工夫去理会她的情绪，于是慧慧就爆发了。

管理情绪是自己的事情，我们一定要认识到这一点，这在人际交往中十分重要。承认自己被某种情绪所困扰，这就意味着我们迈出了管理情绪的第一步。慧慧经常将自己的情绪扔给男友，并希望男友能够安抚自己。在校园时，男友或许有很多的时间和精力，能做到承担慧慧的情绪，但随着工作越来越繁忙，他不再为慧慧的情绪负责。这让慧慧觉得很失落，她用一种不恰当的方式发泄了出来，例如在沟通中表达自己的愤怒。其实，让对方为自己的情绪负责本身就是一个不合理的期待。

我们应该努力让自己冷静下来，正视自己的负面情绪，然后带着理性去沟通，表达自己的诉求，而不是带着情绪去表达诉求。因

共情力与同理心

为后者只会转变成情绪发泄，最终使沟通的局面变得更加糟糕。

当我们不再被情绪困扰时，我们才能与对方产生共情，学着在沟通中去理解对方，并感受、接纳对方的情绪。在一段关系中，双方的共情体验十分重要，我们都需要真正感受和体会对方的情绪，了解对方的内心需求，也需要对方能理解自己，感受到自己言行背后所隐藏的情绪。在共情力的帮助下，双方能够及时地给予对方回馈，这样两人才能走得更长远。例如慧慧与男友之间的争吵，在没有共情的情况下，他们只看到自己的需求和感受，如果他们能运用自己的共情力，学着将自我扩大，用心去感受对方的情绪，如果彼此都能做到这一点，那么他们的关系不仅不会破裂，反而会更进一步，因为他们会感受到自己被对方接纳。

共情能够促进彼此相互理解，能使原本紧张的关系变得更加亲密。共情存在于各种关系中，例如普通的同事关系、亲密无间的情侣关系等。不论是哪种关系，都由一个个独立的个体组成，只是个体与个体之间的距离不同。像普通同事关系，个体与个体之间的距离较远；像情侣关系，双方之间的距离较近。不论距离远近，我们都需要通过共情这座桥梁去建立一段关系。在共情力的指引下，我们不再只关注自己的需求，还会扩展自己所关注的范围。通过自我扩展，我们能理解他人，并产生许多社会性情绪，例如包容、感恩等，这些社会性情绪会使我们觉得自己的人生更有意义。

慧慧如果能理解男友工作很忙，即便想让男友多陪陪自己，也不会用质问的语气和男友沟通，而是以陈述的方式去表达自己的

第一章 增强我们的感知能力——共情力

诉求:"我希望你能多陪陪我,我是你最亲密的人。"这种沟通方式要比质问更容易让男友接受。而慧慧说:"难道我还没有工作重要?"这样她的男友一定会觉得不满,觉得慧慧无法理解自己。

一个人感到自己被理解还是不被理解,是两种完全不同的心态。当我们感觉被理解,尤其是被亲密之人理解时,我们就会充满力量,觉得备受激励,这会促使双方关系更加深入。在修复一段破裂的关系时,我们必须调动起自己的共情力,深刻地理解对方,这能使这段关系发生令人难以置信的改变。

慧慧所面临的问题是许多情侣都存在的问题,关键点就是"你为什么不懂我的心",这是因为他们都站在各自的立场上去解决问题。在一段关系中,每个个体都有属于自己的独特经历和性格,个体之间的差别势必导致分歧的出现,想要跨越这些分歧,最好的方式就是运用共情,以共情为彼此联系的桥梁。

每对情侣都相信他们彼此相爱,他们之间也一定存在爱,否则他们不会成为情侣,在热恋时,他们也都相信对方是自己的灵魂伴侣,他们一定能携手一生。那么为什么有许多情侣最后分道扬镳了呢?分手的原因有很多,不能建立真正互惠的亲密关系是其中最重要的一个原因。

一段亲密关系想要长久,就必须建立在真正互惠的基础上,也就是说彼此之间是相互理解的,他们能从对方的理解中获得激励并充满活力。对于每对出现感情破裂的情侣来说,共情是最快速且有效的修复破裂关系的方式。

共情力与同理心

无法做到相互共情，彼此之间就很难相互理解，两人都只会关注自己的需求和感受，滋生许多负面情绪。在情绪表达的时候，负面情绪会被一股脑地抛给对方，他们将自己放在受害者的位置上指责对方，认为对方伤害了自己。可对方也觉得自己是受害者，没有得到理解。在上述案例中，慧慧不理解男友，男友也不理解慧慧，他们都希望对方能做出让步，在这场拉锯战中，受伤害的只能是这段维持了十年的爱情。最终慧慧和男友很可能会感到筋疲力尽，从而选择分手。

如果你正在犹豫着是否结束一段亲密关系，那么最好试着用共情进行弥补，你会发现，共情神奇的力量会使这段濒临破裂的关系重新焕发生命力，还能使爱更加长久。你和对方必须得学会真正相互理解，在进行沟通的时候一定要注意理解对方。有了理解，你们就会重新体验到温暖又充满爱的感觉。除了修复关系外，共情力还有助于我们维持一段关系。共情不会损耗我们的心力，反而会让我们充满力量，有了共情，我们就会产生患难与共、亲密无间的特殊感受。

用共情力去读懂他人的心思

在电影《我知女人心》中,男主角孙子刚在一家广告公司工作,是个典型的大男子主义者。女主角李仪龙是个在广告设计上有着敏锐感知度的人,她被公司总经理高薪请来担任执行创意总监一职。创意总监一职一直是孙子刚的目标,他本以为争取到这一职务如同探囊取物般容易,但李仪龙的到来使得他的如意算盘落空了。起初孙子刚想要使些手段让李仪龙主动离职,可李仪龙一次次化解了这些障碍,这让孙子刚在甘拜下风的同时,又十分恼火。

一次意外事故,使得孙子刚突然发现自己好像获得了一项特异功能——他能听到女人的心声。只要一个女人出现在孙子刚的面前,她内心的声音就会在孙子刚耳边响起,她在孙子刚面前就如同一个透明人。这项特异功能给孙子刚带来了许多烦恼,他觉得这简直就是一场噩梦,他发现自己活了这么多年压根就不了解女人。他能听到李仪龙对幸福生活的渴望,能听到女服务员在遭遇爱情时内心的慌张,也能听到女儿对待感情问题的天真心理。

渐渐地,孙子刚不再苦恼,因为他发现这项特异功能有许多好处,他开始利用起这种本事来。孙子刚因此得到了许多女人的芳心,从咖啡店的漂亮女服务员再到竞争对手李仪龙,都对孙子刚动

共情力与同理心

了心,在她们看来孙子刚就是一个英俊多金且幽默浪漫的男人,而且对女人百般体贴,十分懂得女人的心思。

同时,孙子刚也在利用这项特异功能对付李仪龙,例如他偷窃了李仪龙的广告创意,还在公司里处处为难、排挤李仪龙。不过随着和李仪龙的相处,孙子刚探听到了李仪龙更多的心事,他发现李仪龙其实是个聪慧、善良的女人。他逐渐改变了对李仪龙的看法,不再那么讨厌李仪龙。

电影中的另一个男性角色秦奋与孙子刚一样,幽默多金,但他的女人缘远不如孙子刚,他费尽心思去追求一个失恋的空姐都没有成功。这是因为秦奋没有像孙子刚一样的能听到女人心声的特异功能。

孙子刚的这项特异功能与读心术十分相似,只是他的读心术只针对女人。很多人都希望自己能有像孙子刚那样的读心术,能听到别人内心的声音,而不是去蒙头转向地揣测别人的心思。可现实生活中没有读心术,我们想要看透一个人的内心,判断对方真正的意图,就必须得学会与对方建立共情。而共情就是从对方的角度去理解他的意图。

想要读懂一个人的心思,双方就必须进行沟通。在沟通的过程中,除了语言沟通外,肢体语言也很重要。我们会通过语言来表达自己的想法和感受,但语言具有迷惑性,人是会撒谎的动物。因此肢体语言的重要性就凸显出来,与语言相比,肢体更诚实。既然如此,那是否意味着我们应该接受一定的训练,从而掌握对方一举一

第一章 增强我们的感知能力——共情力

动背后的含义?

在心理学中,的确存在一门专门研究人的想法与行为的科学,其中就包括研究人的肢体语言,毕竟在人与人的沟通交往中,口头语言只是交流的一部分,肢体语言的表达也很重要。可对于我们普通人来说,完全没有必要去接受专业的训练。因为在我们成长的过程中,我们已经潜移默化地掌握了一定的技能,只是这种技能通常存在于感觉之中。例如我们在与人相处的过程中,除了听对方说话外,还会密切关注对方的表情和肢体动作。

在《生活大爆炸》中,拉杰什在向朋友们介绍自己新交的女友时,朋友们一一和拉杰什的女友打招呼。而到佩妮时,虽然双方都表现得很热情,但佩妮却能从对方的面部表情和肢体动作中感受到对方不喜欢自己。后来佩妮了解到,拉杰什的女友之所以不喜欢自己,是因为拉杰什告诉她自己曾和他阴差阳错有过一夜情,这让拉杰什的女友心怀芥蒂。尽管女友向拉杰什保证自己根本不在意这些,她在和佩妮第一次见面时也表现得很热情,但佩妮却能敏锐地感觉到对方不喜欢自己。

不必经过专业的训练,我们也能敏锐地感受到对方肢体语言所表达的信息,但前提是我们使用了共情力。共情力会使我们走出自我,转而去关注他人,当我们将关注点放在他人身上的时候,自然会密切关注对方的肢体语言,从而进行评估,达到读懂他人心思的目的。

如果不使用共情力,我们的关注点就只会停留在自己身上,在

共情力与同理心

沟通中不在意对方说了什么，也不和对方进行互动，甚至连眼神交流都不会有，我们只会自顾自地表达自己，毫不在乎别人，也不愿意去读懂对方的心思，这样就不能感知并读懂对方的表情和肢体语言，也就难以建立良好的人际关系。

打开心扉也是沟通过程中十分重要的一环，可想要做到打开心扉却很困难，毕竟每个人都有着这样那样的顾虑，不肯将真实的自我暴露给他人。我们如果想要使一个人打开心扉，就必须与他产生共情，让对方觉得你理解他。在对方感觉到你理解他的那一瞬间，他的心理防线就会放下，从而愿意打开心扉和你进行深入的沟通，将自己的真实感受说出来。

共情在沟通中会起到指引的作用，它指引着我们去理解对方，以达到相互理解，一旦有了理解作为前提，我们就不会再被情绪影响，而是能平静地将自己的内心展现给对方，这种深入的交流会使彼此之间的关系更融洽，也更有意义。如果你想要读懂一个人的心思，想要深入了解一个人，就必须在沟通中与对方建立共情，只有这样，对方才能打开心扉，坦诚地说出自己的想法和感受，这样一来你就可以对他有一个更深入、更全面的了解，当然也会更加理解对方。而没有共情的沟通往往只会流于表面，双方都不肯敞开心扉。

第二章 了解自己的共情天赋——共情类型

可传递的身体疼痛

1992年,美国总统候选人比尔·克林顿在大会上面对激进分子的刁难时说了一句广为流传的话:"我能理解你的痛苦。"这句话在大会结束后很快在美国流行起来,还被人们称为"克林顿式关怀"。

我们大多数人都和克林顿一样,会对他人的痛苦感同身受,会对他人的遭遇表示理解,但我们能否感受到他人物理上的疼痛呢?答案是肯定的。也就是说,当我们看到一个因身体不适而感到疼痛的人时,我们会感觉到他的疼痛,这种身体上的疼痛具有传递性。

俄勒冈健康与科学大学为了证明身体疼痛具有传染性,可以从一个个体传递给另一个个体,就在老鼠身上进行了实验。实验设置为,一组老鼠接受一种有毒物质的注射,该有毒物质会引起炎症,炎症发作时这组老鼠就会感觉到疼痛;另一组老鼠则不会被施加痛觉刺激,它们会被放在被施加痛感刺激的老鼠的旁边,以便实验者观测它们会不会因受到施加痛觉刺激的老鼠的影响而感觉到疼痛。如果它们真的有疼痛反应,那么就说明身体上的疼痛可以相互传递。

实验开始后,接受注射有毒物质的老鼠很快感觉到疼痛,而没有施加痛感刺激的老鼠也表现出了疼痛的反应。而且测量结果显示,这些老鼠虽然只是旁观者,但它们所感受到的疼痛不亚于接受

第二章 了解自己的共情天赋——共情类型

有毒刺激的老鼠，甚至可以说它们感受到了和被施加疼痛刺激的老鼠相同的痛苦。

第三组老鼠作为对照组被放置在另一个房间里，它们不论在听觉上还是视觉上都感受不到接受有毒刺激的老鼠的影响，结果与第二组的老鼠不同，它们没有表现出痛觉反应。可当实验者将表现出痛觉反应的一部分第二组的老鼠和第三组被隔离开来的老鼠放置在一起时，这些原本被隔离开来的老鼠纷纷受到了痛觉反应老鼠的影响，也开始表现出痛觉反应。它们虽然没有受到听觉和视觉上的刺激，却从嗅觉中感受到了其他老鼠的痛苦。最终三组老鼠都出现了痛觉反应，而真正接受痛觉刺激的老鼠却只有一组，也就是说第一组老鼠的痛苦传递给了其他两组老鼠。

该实验结果充分证明了痛苦是可以传递的这一理论，而且该实验结果还可以延伸到人的身体，我们和实验中的老鼠一样能够体验到他人的痛苦，人与人之间的痛苦同样可以传递。我们能对他人的痛苦感同身受，体验到别人的痛苦是我们所具有的一项共情能力。

伯明翰大学斯图尔特·德比希尔博士和其同事乔迪·奥斯本为了证明人能产生感应式疼痛，专门找来108名大学生进行了一次实验。

实验中，斯图尔特安排被试观看一些会令人感到疼痛的画面，例如运动员受伤、病人接受注射等，然后让被试说出自己看到这些场景后的心理感受。统计结果显示，有接近三分之一的被试表示，他们能从至少一个场景中感受到疼痛，他们不仅会产生疼痛的情绪

共情力与同理心

反应,还能感觉到生理疼痛,例如看到运动员膝盖受伤,他们就会感觉自己的膝盖疼痛。在斯图尔特看来,这些能产生感应式疼痛的人就是"反应者",而那些未感到疼痛的人则是"无反应者"。

随后实验者在反应者和无反应者中各挑选了10个人,参与接下来的实验。这一次,他们被安排观看三种不同的场景:忍受疼痛场景、令人感动而非疼痛场景和普通场景。当他们观察这些场景的时候,实验者还运用功能性核磁共振成像仪(fMRI)密切关注着他们大脑的活动情况。fMRI图像会随着大脑血流量的变化而发生变化,实验者可以通过观察这些变化来判断大脑哪个区域对某一刺激产生反应。

当被试观看疼痛场景时,实验者发现所有被试——不论是反应者还是无反应者,他们大脑中的情感中心都会变得活跃起来,而反应者大脑中的感受疼痛的相关区域会比无反应者更加活跃。当被试看到令人感动的场景时,反应者大脑中感受疼痛的区域不再活跃,反而平静下来。斯图尔特认为这项实验结果可以充分证明感应式疼痛的存在,当然并不是所有人都会对他人的受伤或疼痛产生生理反应。

美国著名社会心理家学斯坦利·米尔格拉姆曾做过一项著名的电击实验,他认为被试会为了服从实施电击的命令而无视电击给他人带来的痛苦。

参加实验的被试均为男性,年龄在20岁到50岁之间,一共有40名被试,他们分别来自美国社会的不同阶层,有工人、售货员、商人,也有受过高等教育的专家。实验开始后,米尔格拉姆

第二章 了解自己的共情天赋——共情类型

会说这是一项涉及体罚对学习行为的作用的实验，一部分被试扮演老师的角色，另一部分被试则扮演学生的角色。事实上，所有被试都扮演老师的角色，隔壁房间扮演学生角色的人是米尔格拉姆提前安排好的。

实验开始后，扮演老师的被试会被告知，他们虽然看不到扮演学生的被试，却能听到他们的声音，彼此可以通过声音进行沟通。而扮演老师的被试会拿到一个电击控制器，这个电击控制器连接着一台发电机，可以制造出 15 伏特到 450 伏特的电流，每当他们要对隔壁的学生实施惩罚时，就可以按下电击控制器。

实验开始后，老师会得到一张纸，上面列着一些搭配好的单词，老师需要将这些单词交给隔壁的学生，然后进行测验，而学生则通过摁下 A、B、C、D 四个按钮来回答老师的问题。由于单词表很长，许多学生都无法正确回答问题，老师不得不对学生进行电击惩罚。

在最初的电击惩罚中，由于伏特数较低，学生们并不会表现出多大的痛苦。但随着错误的增加，电击的强度也在不断提高，当电击达到 75 伏特时，老师们开始听到学生不满的嘟哝声。当电击达到 120 伏特时，学生们开始痛苦地喊叫。当电击达到 150 伏特时，学生们开始求饶，他们会求老师放过自己，自己实在无法忍受电击，想要退出实验。当电击达到 200 伏特的时候，老师就会听到学生们的喊叫声："快停下吧，我血管里的血都要被冻住了。"当电击达到 300 伏特的时候，学生们开始抗拒，他们不再回答问题。当电

共情力与同理心

击超过330伏特的时候,老师不会再听到学生的声音,隔壁一片寂静,学生好像已经疼晕过去了。

学生们的种种反应当然都是演出来的,电击惩罚事实上根本不存在,但对于扮演老师的被试而言,这里的一切都那么真实,容不得他们怀疑,他们相信自己每次实施的电击惩罚都会给隔壁的学生带来痛苦。随着电击强度的增加,许多扮演老师的被试开始怀疑这次实验的目的和意义,他们不想听到隔壁学生痛苦的叫喊声,因此有不少被试提出疑问,可在权威的米尔格拉姆的命令下,许多被试选择继续,只有5名被试拒绝执行电击命令。在整个实验过程中,一共有14名被试拒绝服从米尔格拉姆的命令,这项实验结果显然证明了米尔格拉姆的猜想,一个人会因服从权威而做出伤害他人的事情来,哪怕他们会因此产生焦虑乃至愤怒的情绪,会在执行命令的同时承受着巨大的心理压力。

但米尔格拉姆的实验也证明了大多数人能对他人的疼痛感同身受,在实验中被试只能听到学生们痛苦的叫喊声,也就是说他们只被施加了听觉刺激,仅仅是这样,他们都难以忍受,想要结束电击惩罚。如果再加上视觉刺激,没有墙壁的阻隔,他们能亲眼看到学生们的痛苦,那么实验就会出现另一种结果,因为视觉刺激给人的感受更加强烈。

这种能感受到他人疼痛的特质,被称为身体共情,属于共情类型的一种。在现实生活中,有一部分人能与他人产生身体共情,当他们看到别人出现不舒服或表现出痛苦反应时,他们就会觉得不舒服或疼痛。像上述实验中的反应者，他们就属于身体共情者。他们在实验结束后对实验者表示，在平常的生活中，他们通常不愿意观看恐怖电影或新闻中令人不安的场景，因为这些会让他们陷入痛苦中。

当然，身体共情不仅局限于感受他人的痛苦，还包括感受到他人所散发出来的积极信息，例如当身体共情者和一个身体健康的人待在一起时，他就会感觉良好。身体共情者能感受到他人身体的状态。

身体共情这种共情类型既有好处也有坏处。首先，身体共情者能感受到他人身体的状态，从而敏锐地捕捉到对方的需求。例如初为人母的女性在照顾自己的孩子时，就需要与孩子建立身体共情，能敏锐感受到孩子的身体是否舒服，从而在孩子的身体出现不舒服时，她能及时采取措施。但身体共情者也会被这种共情力所困扰，尤其是当他们无法将自己的身体感受和别人的身体感受区分清楚时，他们会将两者混淆，且极易被对方消极的身体状况影响。

深度交流带来的孤独感

蕾蕾从小就是一个对他人情绪十分敏感的人，为此她能轻易得到他人的信任，能与任何一个人顺利建立一种特别而深刻的关系。在这段关系中，蕾蕾通常是一个很好的倾听者，周围的人都愿意和她分享自己生活中的快乐和烦恼。

这种情绪上的高敏感性给蕾蕾带来了许多朋友，而且这些朋友与她的关系都不错，但蕾蕾却总是被一种孤独感所困扰。因为她发现自己与朋友的关系的确很亲密，每当朋友们遇到人生困惑，或想找一个人倾诉自己的心事时，蕾蕾总会成为他们的首选，蕾蕾很感谢这份信任，但她同时也觉得自己与朋友们的关系十分疏远，因为他们不会找她聊八卦、逛街、玩耍。

蕾蕾属于情绪共情者，她对他人的情绪具有高度敏感性，能够轻易感受到他人的情绪以及情绪变化，甚至能以对方的角度来看待他们的情绪反应。这种快速的、深度共情他人情绪的能力，使得情绪共情者能比一般人更快地进入对方的心理状态，从而理解、体验对方的内心，使对方觉得情绪共情者治愈了自己。在情绪管理上，情绪共情者不仅具有管理自己情绪的能力，还能管理好他人的情绪。

第二章 了解自己的共情天赋——共情类型

由于情绪共情者具有治愈他人的能力，他们通常能轻易得到他人的信任，让对方能在他们面前敞开心扉。他们周围的人每当遭遇一些困惑时，就会向情绪共情者求助。在上述案例中，蕾蕾就因为拥有这种治愈力，所以能轻易与他人建立一种特别而深刻的关系，朋友们也把她视为绝佳的倾诉对象。

情绪共情者在情绪上的高敏感性决定了他们能对他人的需求和情绪感同身受。他们十分擅长观察他人语言和行动背后的情绪，哪怕是一闪而过的情绪，而这些情绪常常代表着对方的真实感受，所以他人会觉得情绪共情者能对自己进行深度的疏导。

但是，情绪共情并不意味着超强的人际交往能力，一些情绪共情者如蕾蕾一样，也会在人际交往中遇到障碍和困难，比如无法轻松地和朋友们聊八卦、逛街，而这些都是女孩日常人际交往中常做的事情。每当有人找蕾蕾倾诉自己的烦心事时，蕾蕾都不会拒绝，她甚至会因为自己能因此而帮到朋友感到开心，她有一种自己被需要的感受。这是许多情绪共情者都会产生的心理，同时也是他们的困惑，他们会产生一种错觉，觉得自己与倾诉者之间的关系非常紧密，认为这就是人际关系的一部分。

情绪共情者与讨好型人格者不同，他们不会去主动讨好、取悦他人，也不会期望能得到所有人的喜爱。可他们与讨好型人格者有一个共同的特点，那就是不会拒绝他人的请求，甚至希望自己能为他人提供帮助。每当有人来找蕾蕾倾诉烦恼时，蕾蕾都会欣然接受，从不会拒绝，因为她觉得此时自己在被别人需要。

共情力与同理心

在倾诉的过程中，倾诉者一方面需要宣泄自己的情绪，使得自己的情绪得到纾解，另一方面他们也希望能有人解开自己的困惑，给自己一些建议。情绪共情者往往能轻易地做到后者，他们能感受到对方情绪背后的意义，从而真正宽慰对方，最关键的是他们能站在对方的角度给出最合理、最有价值的建议，这些建议都与他们对情绪的高敏感性密不可分。

对于倾诉者来说，情绪共情者显然是最好的倾诉对象，但他们却无法和情绪共情者成为朋友，就像上述案例中的蕾蕾一样，周围的人都觉得蕾蕾是个绝佳的倾诉对象，却不会有人找蕾蕾聊八卦、逛街和玩耍。这是因为倾诉者在情绪共情者面前过度暴露了自我。

在一段以信任为基础的关系中，自我暴露是必不可少的。当我们信任一个人，觉得这个人很可靠时，我们就会暴露自我，将自己的一些想法、情绪和感受暴露给对方。我们通常会在一段值得信任的关系中进行深度暴露，因为我们相信对方不会伤害自己。也就是说，自我暴露有助于人际关系的建立，这是情绪共情者所具有的优势，但这种优势同时也是劣势。

每个人都希望自己被倾听、被理解，希望有人能解开自己的困惑，给自己一些合理的建议。因此当遇到情绪共情者时，大多数人都会自我暴露，随着交流的深入，倾诉者会更加信任情绪共情者，从而会更加深入地进行自我暴露。在倾诉者的自我暴露下，情绪共情者能快速地与对方建立信任的关系，可对于对方来说，他会对情绪共情者产生恐惧，因为他在情绪共情者面前完全暴露了自我，对方知道了自己太多的秘密，致使他在此人面前会感到脆弱。

每个人都不希望将自己完全暴露在另一个人面前。因此情绪共情者经常在人际关系中感受到孤独，像蕾蕾一样，她很羡慕朋友们在一起打打闹闹，但她却无法融入其中，因为她知道太多朋友们的秘密了。吃喝玩乐是一种十分常见的社会交往方式，在朋友中间尤为常见。但对于情绪共情者来说，他们往往很难掌握这种吃喝玩乐的社交技能，因为在周围人的眼中他们似乎只适合聊感情、谈人生。

此外，情绪共情者还很容易遭到情感勒索。情感勒索是一种以爱的名义进行要挟，从而迫使对方按照自己想法做事的人际关系。情感勒索者会充分利用情绪共情者敏锐、充沛的情感，成为情感吸血鬼，不断从情绪共情者身上汲取情感能量，每当情绪共情者无法忍受想要离开时，情感勒索者就会以爱的名义进行要挟。

情绪共情者会很容易成为情感勒索的受害者，很大程度上取决于他们不懂得如何在情绪上和他人建立边界，也就是分不清楚自己的情绪和他人的情绪。情绪共情者在借助自身情绪上的高敏感性与他人产生共情，帮他人排忧解难后，通常难以将自己剥离出来，无法建立情绪边界，在帮助他人的同时，也容易让自己深陷他人的痛苦之中。

蕾蕾常常觉得孤独，虽然她帮助了许多人，周围的人都得到过她的帮助，但他们却从未将蕾蕾当成朋友。蕾蕾对他们而言，更像一个情感服务者，当他们需要排忧解难的时候，就会想到蕾蕾，

共情力与同理心

而蕾蕾也会努力帮助他们，可当他们的困惑解开了，重新投入正常的生活中，蕾蕾就成了被遗忘的那个人。这就好像一个富人身边总是围绕着许多朋友，他们因为钱和富人交朋友，总是找富人借钱，可当富人没钱了，他周围就一个朋友也没了。对于他们来说，蕾蕾就和这个富人一样，只具备为他们排忧解难的功能，至于蕾蕾有什么样的想法、感受和需求，他们并不在意。蕾蕾想要摆脱这种孤独感，就必须让周围的人明白，她不只是一个情感服务者，还是一个完整的个体，有着自己的需求和感受，周围的人必须接纳和珍惜她。

对于每个人来说，不论是吃喝玩乐的人际关系，还是深度交流的知心关系，都是我们人生中所需要的人际关系。如果只保留单一的人际关系，不论是吃喝玩乐还是深度交流，我们都会觉得孤独，我们需要多元、健全的人际关系。可对于情绪共情者来说，他们能轻易与他人建立起深度交流的关系，那么又该如何排解这种深刻而疏远的关系所带来的孤独感呢？

第一，情绪共情者要建立自己的情绪边界。在与他人沟通的时候，情绪共情者不要将全部的注意力都放在关注对方的感受上，要时刻关注自己的感受，每当自己因对方情绪发泄而感到不舒服时，应该先照顾到自己的感受，然后在有能力兼顾的前提下去照顾对方的感受、情绪。

第二，学会分辨哪些人值得交往。情绪上的高敏感性是情绪共情者的天赋和能力，没必要刻意进行改变，也不要觉得所有人都在利用自己的共情力，毕竟在人际交往中，人都具有功能性，例如有的人具有扮演知心姐姐的功能,有的人具有扮演开心果的功能。我们所具备的某项人际交往功能是我们的优势所在,我们也会因为对方的某种功能的吸引而主动靠近对方。可如果你发现一些人总是利用你的情绪高敏感性,而不将你视为一个完整的个体,只顾着倾诉他自己的情绪、感受,而不在意你的情绪、感受,那么你就要远离此人。

带着理性与他人产生共情

在电影《地球上的星星》中，主角是一个8岁男孩，名叫伊桑，出生于一个富裕的中产阶级家庭，从小无忧无虑地长大，但当他入学后，麻烦接踵而至。在学校的老师看来，伊桑是个有智力障碍的捣蛋鬼，可伊桑的父母不认为儿子智力有问题，日常生活中的伊桑是个小机灵鬼，他的父亲觉得，儿子读不好书是因为缺乏严格的管教。后来伊桑的父亲在学校的建议下，将伊桑送进特殊学校读书，这是一所寄宿学校，以对学生的严格管理而闻名，就像校监介绍的那样在这所学校里"最难驯服的野马也会服帖"。

来到寄宿制学校后，伊桑觉得自己被父母抛弃了，他被一种强烈的遗弃感笼罩，在这里他变得自卑起来，只能通过各种想象来化解日常生活的难题。后来伊桑的想象力开始异化，他想象的画面开始变得令人恐惧和恶心，不再像以前那样缤纷多彩。其实伊桑是个能轻易感受到现实世界丰富多彩的男孩，只是他在诵读上存在障碍，这也是他学习成绩差的原因所在。但伊桑就读的学校根本不了解诵读障碍这种病症，只是依照常识将伊桑视为智力障碍者。

对伊桑来说寄宿学校的生活充满了恐惧，他渐渐变得麻木、冷漠，不再接受现实世界里的一切，将自己完全封闭在想象中，哪怕是家人也无法让伊桑变得快乐。这时一个名叫尼克的美术老师走进了伊桑的生活，与以往所见的固守成规的老师不同，尼克是个十分注重学生个性自由发展的老师，他很快注意到了伊桑，并对伊桑的痛苦感同身受，他知道伊桑的心理状况已经到了非常危险的境地，如果不采取积极的拯救措施，那么伊桑的情况只会变得更糟糕。

尼克通过家访从伊桑的父母那里了解到，伊桑的智商根本没有问题，以前的伊桑是个很机灵的男孩，尤其擅长绘画。对于伊桑的变化，他的父母早就有所感受了，他们努力让伊桑变得快乐，但伊桑对家人的关心无动于衷，家人不了解伊桑的内心，总是被伊桑的麻木、冷漠激怒。父母只觉得伊桑是个令他们痛心的孩子。尼克在了解了伊桑的基本情况后，开始试图说服他的父母，尤其是伊桑那固执的父亲，让他们相信伊桑只是一个患有诵读障碍的孩子而已。想要解决伊桑的问题，就必须得到他父母的理解和支持。后来尼克还争取到校长的配合。

尼克知道伊桑擅长绘画，但在帮伊桑走出心理阴影的时候他却选择了手工制作，在他的带领下，伊桑等学生会通过在沙子里写字来学习，在自然界中学习。渐渐地，伊桑终于战胜了内心冲突，他的绘画天赋也被极大地激发出来。他在参加绘画大赛的时候，创作出了一幅将现实与想象融合在一起的绘画作品，最终伊桑获得了绘画大赛的第一名。

共情力与同理心

我们能对他人的遭遇感同身受。当我们看到某些事情发生在别人身上时,我们会感觉到这些事情像是发生在自己身上一样,因为我们将对方的感情融入了自己的感受中,例如当尼克老师看到伊桑在学校痛苦的生活时,立刻感同身受,想要帮他摆脱痛苦。但共情力不仅意味着共同的感受,还包括复杂的思维机制。

情绪共情属于共情类型的一种,具体是指我们能分享别人的情绪,例如感受到对方的恐惧、痛苦等。这是长期进化过程中亲代养育和群体生活所赋予我们的能力。情绪共情具有很多积极的意义,它可以使我们对他人的不幸给予某种程度的关心,也可以使我们感受到他人的喜悦。但情绪共情也有消极的方面,比如我们会受到对方消极情绪的影响。当我们看到一个人发生不幸时,我们会因情绪共情而产生痛苦的感觉。如果这种痛苦感太过强烈,自己又没有能力帮助对方摆脱不幸,我们通常会主动回避这些感受。例如我们得知一个人需要大量的钱治病,我们因为情绪共情而感受到对方的痛苦,可又不能将自己所有的积蓄都捐献给对方,为了摆脱痛苦和内疚的感觉,我们会选择无视。

对于一些从事特殊工作的人来说,如果总是与他人产生情绪共情,他们就无法正常履行职责,例如医生这种工作。如果一名医生经常与患者产生情绪共情,就会因情绪共情而滋生过多的倦怠感,那么他不仅无法正常履行医生的职责,还会出现自杀的风险。

此外,情绪共情还很容易带有偏见。由于共情的进化与亲代养育密切相关,因此我们能对家人和朋友产生更多的情绪共情。在

第二章 了解自己的共情天赋——共情类型

进化的过程中,我们必须依赖群体才能生存,群体能保护个体免受捕食和伤害,社交联系越强的人越容易存活下来,因此我们会本能地亲近家人和朋友,且倾向于在"我们"和"他们"之间划出清晰的界限。这意味着我们能与家人、朋友轻易地产生情绪共情,我们更偏向感知与我们亲近的人。例如两个完全不同或属于敌对群体的人,他们通常能与群体内的成员形成密切的联系,能对群体内部成员产生情绪共情,但对群体外的人却存在偏见。

与情绪共情相比,认知共情这种共情类型更容易使人摆脱上述情绪共情的消极方面。认知共情主要是指思考他人的情绪,从而能理解他人是如何思考的,并站在他人的角度去思考和理解他的言行。认知共情与情绪共情不同,它更多的是从理性的角度与他人产生共情,通常不会掺入个人情绪、情感。

当尼克看到伊桑被学校严格的管理制度所困扰,且诵读障碍被老师认为是智力障碍时,他十分了解伊桑的痛苦感受,因为他曾经和伊桑一样,也饱受诵读障碍的困扰,从这个层面上看,尼克与伊桑之间产生了情绪共情,因为他和伊桑是同类人。但尼克没有被情绪共情困扰,而是将情绪共情升华为认知共情,他了解伊桑的痛苦,为了更加深入地了解伊桑的想法,他选择了家访。

想要做到认知共情,我们就必须试着借助感知力去了解对方的想法,只有这样我们才能更好地理解对方如何看待发生在他们自己身上的一切,从而达到理解对方的目的,理解对方为什么会出现此种言行。在理解的基础上,我们才能决定自己是否伸出援助之手,

共情力与同理心

去帮助对方摆脱困境。

尼克从伊桑父母那里了解到,伊桑曾经是个活泼机灵的男孩,尤其擅长绘画,只是并不擅长诵读。这些了解使得尼克更加确定伊桑的痛苦是严苛的学校管理制度造成的,所以他去找了校长,让校长配合自己帮助伊桑走出困境。在接下来的教学活动中,尼克带着伊桑等人去感受大自然,进行手工制作,渐渐地,伊桑不再冷漠、麻木,他的绘画天赋被尼克彻底激发出来,他参加了绘画大赛并获得了第一名。

伊桑的痛苦来自周围人对他的否定,好像他是一个没有任何价值的人。因为他的学习成绩不好,被第一所学校劝退,于是他被父母送到了一所管理更加严格的寄宿学校,在父亲看来,伊桑太过调皮,但只要好好管教,一定能成为学校里的佼佼者。但在这所学校里,伊桑切断了与家人的联系,又得不到老师的称赞与关心,这使得伊桑的自我价值感变得更加糟糕,他越发觉得自己是没有价值的。但尼克老师所做的一切使伊桑摆脱了这种错误的认知,他不再自我否定,而是开始接纳自己,将自己的绘画天赋发挥出来。尼克老师对伊桑的帮助是建立在认知共情的基础上的,认知共情使他能站在伊桑的角度理性地看待他所遭遇的一切,理解伊桑的痛苦和感受,并且知道如何让伊桑重新恢复自我价值感。

认知共情能使我们了解别人的想法,从而感知对方如何思考,并做到站在对方的角度去看待一切。也就是说,认知共情可以促使我们了解对方的内心世界,从而达到理解对方的目的。如果有必

第二章 了解自己的共情天赋——共情类型

要,我们可以在和对方产生认知共情的基础上帮助他们做出改变,使他们改变对生活的消极态度,帮助他们重新变得积极快乐起来,尼克老师就是这样帮助伊桑的。

认知共情与我们感知力的敏锐程度密切相关,而想要训练自己感知力的敏锐程度,我们就必须做到以下两点。第一,认真观察。当你身处一个陌生环境时,让自己对周围的人和事多加留意。例如当你和一个人交流的时候,你可以留意一下对方的眼神、说话的语气以及表情,这样才能了解到更多的信息。第二,善于总结。对一些自己感觉重要的人或事要理清来龙去脉,然后才能找出关键,并想出解决的办法。

与情绪共情一样,认知共情有积极的一面,也有消极的一面。如果一个认知共情者利用自身超强的感知力和另一个人产生认知共情,理解对方的内心世界,并借此来操控对方,那么认知共情力就会变成邪恶的力量,例如十分擅长操控人心的精神变态者。电影《沉默的羔羊》中的汉尼拔·克莱特就十分擅长与人产生认知共情,并利用认知共情达到操控对方的目的。

汉尼拔被关在一所戒备森严的监狱中,他喜欢杀人,还酷爱吃人肉。一天,一个名叫克拉丽丝的美国联邦调查局的女特工来监狱拜访汉尼拔,因为她工作的城市发生了一起连环杀人案。她得知汉尼拔十分擅长分析罪犯的心理,于是她想让汉尼拔分析一下这名变态杀人犯的心理,从而缩小调查范围。在克拉丽丝临行前,她的上司向她嘱咐道,千万不要和汉尼拔做交易。

共情力与同理心

当克拉丽丝坐到汉尼拔面前时就忘记了上司的嘱咐,她答应了汉尼拔的交易条件,将自己的个人经历告诉了汉尼拔,因为只有这样汉尼拔才愿意提供帮助。汉尼拔因此了解到克拉丽丝童年时期有过一段痛苦的经历,她在父亲去世后被送到姨妈那里生活。姨妈家就在牧场,那里经常发生屠杀牲口的事情,克拉丽丝经常能听到羊羔的惨叫声,这给她留下了深刻的心理阴影。

汉尼拔通过克拉丽丝的这段描述,对克拉丽丝产生了认知共情,他能从克拉丽丝的描述中观察到克拉丽丝的恐惧反应,并直接指出了克拉丽丝内心深处的恐惧。最终克拉丽丝不堪忍受汉尼拔对自己心理的剖析,恐惧而狼狈地离开。

汉尼拔的认知共情力已经不再具有善意、积极的目的,他通过认知共情看透克拉丽丝的内心,了解了克拉丽丝的想法和情绪。如果克拉丽丝没有立刻离开,那么她会一步步进入汉尼拔为她设置的陷阱中,最终成为汉尼拔的俘虏。

后来,克拉丽丝又冒险去找了汉尼拔一次,因为连环命案又出现了,这一次克拉丽丝从汉尼拔那里获得了许多有用的线索。汉尼拔不愧是一个认知共情的高手,他从克拉丽丝所提供的线索中精准地分析了该连环杀手的内心世界,还推测出凶手童年时期很可能遭受过成年人的虐待,内心因此变得扭曲,凶手长大后还试图通过变性手术改变自己的性别。就在汉尼拔一步步分析凶手的内心世界时,卫兵出现了,将听得入迷的克拉丽丝带走,但克拉丽丝不小心将圆珠笔丢在了那里。克拉丽丝根据汉尼拔的分析找到了凶手,但一个更可怕的连环杀手——汉尼拔利用她丢下的圆珠笔杀死卫兵，从监狱里逃了出来。

在汉尼拔越狱的这整个过程中，他的认知共情力起到了很大的作用，但这已不是出于善意，而是利用别人的手段。

敏锐地感受自然界

十八至十九世纪的法国诞生了许多著名的文学家，例如雨果、巴尔扎克等，但一个名叫让－亨利·卡西米尔·法布尔的昆虫学家却凭借一本《昆虫记》跻身著名文学家行列。法布尔被称为"昆虫界的荷马"。

法布尔用一生的精力来观察、研究虫子，还专门为虫子写出了十卷本大部头的书。在《昆虫记》这部书中，法布尔介绍了许多昆虫以及它们的日常生活习性。这是一本昆虫科普类的书籍，但法布尔字里行间洋溢着的对昆虫的尊重与热爱使得这本书变得具有文学价值，得到了读者们的喜爱，此外这本书的问世还被看作动物心理学诞生的标志。

法布尔出生于法国南部普罗旺斯的圣莱昂的一户农家，3岁时由于弟弟的出生，母亲只能全力照顾年幼的弟弟，就将法布尔送到祖父祖母家。在这里，法布尔被乡间的蝴蝶与萤火虫这些可爱的昆虫吸引，并终生对昆虫保持着兴趣和热情。后来法布尔虽然掌握了许多数学、物理、植物学知识，这些也是最容易出研究成果的领域，可以帮助他在教育界、科学界获得一份不错的工作，但法布尔却将所有的时间和精力都花费在了研究昆虫上。

第二章 了解自己的共情天赋——共情类型

法布尔还坚持自学,并通过自学获得了数学学士学位、自然科学学士学位和自然科学博士学位。此外,他还精通拉丁语和希腊语。

因为研究昆虫,法布尔被教育界、科学界的权威看不起,他们对法布尔存在很深的偏见,看不上他自学的学历,也看不上他的研究方向。但法布尔根本不在意这些,他的心思全在对昆虫的研究上。

1879年,法布尔买下了塞利尼昂的荒石园,这是一块不毛之地,但在法布尔眼中却是观察、研究昆虫的圣地,他全身心地投入各种观察和实验中,还将自己所观察到的一切记录下来。现如今,这块曾经无人问津的荒石园已经成为博物馆。

晚年时,法布尔借助《昆虫记》一书得到了社会的广泛认可,许多人都对他这本书赞不绝口。但法布尔并没有沉浸在《昆虫记》所带来的成功中而是依旧待在自己的荒石园中研究昆虫,鲜与外界交流。

在许多人看来,法布尔显然是个怪异的人,他似乎从来不会消遣,也不会享乐,否则他怎么能忍受荒石园的生活呢?实际上,法布尔多才多艺,除了研究昆虫外,法布尔还自学了许多学科,从数学、物理再到绘画,法布尔留下的许多精致的菌类图鉴让人们赞不绝口。表面上,法布尔一直生活在清贫与他人的偏见之中,事实上他根本不在意这些,因为他能与自然产生共情,这种共情力使法布尔乐在其中。

提起共情力,我们常常会想到人与人之间的共情。在人际交往中,共情力使我们尊重他人的情绪、照顾他人的情绪、体验他人的

共情力与同理心

内心世界,从而站在对方的角度去思考问题,理解并认同对方的内心感受。共情力会帮助我们在处理人际关系时对他人的感受感同身受,在体会自己情绪变化的同时,也能兼顾到他人的喜怒哀乐。在人与人的交往中,如果双方都有较高的共情力,那么他们的关系会变得更亲密、持久,双方也能从彼此身上获得更多满足。

除了人际交往外,我们在进行艺术欣赏时也需要共情力的介入。例如当我们看小说的时候,需要与小说人物产生共情,这样小说才能读得有滋有味,如果没有共情力,小说这样的艺术作品就没有存在的必要了。共情力可以使我们在面对艺术作品时与作者产生共鸣,从而达到欣赏的目的。例如因为共情力的作用,我们才能理解颜真卿在《祭侄文稿》中的压抑与悲愤。

人还会与动物产生共情,最常见的是主人与宠物之间的共情。对于一个养狗的人来说,他的宠物狗能感受到他的情绪变化,他也能感受到宠物狗的需求与情绪变化,也就是说主人与宠物狗之间因共情产生了特别强的联结,这种联结使得主人与宠物相互影响。主人与宠物虽然无法进行语言交流,但可以通过共情来密切关注对方的情绪,从而通过揣测来做出某种言行的反应。例如当宠物狗看到主人不高兴时,会静静地待在主人身边陪着他。

即使是种花养鸟这种情感联结不强的爱好也需要共情的介入,花有花的习性、鸟有鸟的性情,它们会受到人的性格和心情的影响,如果人与它们产生了共情,那么它们的生存环境和生存质量就能得到保障。而且植物虽然处于生命的较低阶层,无法与人产生情

第二章 了解自己的共情天赋——共情类型

感联结，但它们也能感受到人类的情绪。如果一棵植物总是能得到人的赞美，感受到人的积极情绪，那么它就会生长成一棵健康的植物，否则，遭受咒骂、消极情绪影响的它就会变得枯萎，甚至还会死亡。

除了上述这些共情外，人还能与自然产生共情，有的人能敏锐地感受到自然界的一切变化，从常见的动植物到日月星辰，这种共情类型被称为自然共情。当然自然共情者的共情范围不一定是自然界这么广阔，他或许只是对自然界的某一特定事物产生共情，例如法布尔，他就能与昆虫产生共情，所以他耗费毕生的精力去关注昆虫，并写出了《昆虫记》这样经久不衰的作品。人们在阅读他的《昆虫记》的时候，不仅仅在了解一只只昆虫的样子和生活习性，更在感受法布尔字里行间流露出的对自然的热爱。

其实，每个人都在某种程度上能与自然产生共情，当我们静下心来待在一片树林中时，我们会感受到微风、树木的动静，还能闻到草木的味道，一切好像是静止的，但同时也充满了活力。我们越安静，就越能捕捉到大自然中的变化。

第三章 站在对方的角度去理解——共情式倾听

将注意力集中到对方身上

小玉这天的心情很糟糕,因为她在上班时做的提案被领导批评了,下班回家后小玉糟糕的心情也没有得到缓解,于是看到男友在家就向他抱怨起来。小玉的本意只是抱怨一下,但男友没有在意,反倒在听到小玉的抱怨后觉得她的抱怨很无理:"领导批评你,那就说明你的提案真的不合格,那你就去改方案呗,有不懂的地方多和领导沟通一下就行了。"男友觉得这只是工作中的一件小事,小玉需要自己去解决。

听到男友的话,小玉的怒火一下子就着了起来,她本想得到男友的安慰,就算男友不会安慰自己,只是安静地听她几句抱怨,小玉的心情也会改善许多,但男友不仅不理解她,还说风凉话,小玉当即就和男友吵了起来。男友实在无法忍受小玉,觉得她是在无理取闹,就不耐烦地说:"这是你工作上的问题,你这样和我闹有意思吗?再说问题已经发生了,你只要去解决就行了,而且我刚才说的也只是个提议,我也在帮你想办法。"

这时候,小玉越发觉得男友不理解自己,于是生气地说:"什么叫帮我,你说得好听,你要是真想帮我,就应该帮我把方案做好,让我在领导面前找回面子。"男友却十分冷静地对她说:"这

第三章 站在对方的角度去理解——共情式倾听

我可帮不了你,我又不会做你的方案,你既然想要能帮你做方案的男朋友,你自己去找好了。"然后两人都觉得没必要继续谈恋爱了,就果断选择了分手。

小玉的本意是将工作中的烦恼倾诉给男友,希望能得到男友的安慰,并不是向男友寻求实质性的帮助,而男友却没有接收到小玉渴望倾诉烦恼的信号,他觉得既然问题出现了,去解决就好,没必要跟他说。显然两人的沟通出现了问题,这是共情缺失所导致的。

在维持一段关系的过程中,沟通十分重要,沟通的重要组成部分就是倾听。每个人都渴望倾诉,希望有人能听自己说说话。但仅仅是倾听就够了吗?我们还希望对方在倾听自己心事、烦恼的过程中,能给出一些反应,能理解自己。因此在倾听过程中,共情力就显得尤为重要。

共情式倾听要求我们用心去听,将所有的注意力集中在对方身上。共情式倾听说起来容易,做起来却十分困难,因为在倾听过程中,我们很难将所有的注意力都集中在对方身上,有太多事情会分散我们的注意力。在上述案例中,小玉的男友也在倾听,但他却没有将注意力集中在小玉身上,他只是在听而已,所以他只理解了小玉字面上的意思,没有体会到小玉真正的诉求是什么,这也是导致两人争吵、分手的关键。

很多时候,我们在倾听的过程中,脑子里却在想着其他事情,也就是说我们的注意力依旧在自己身上,而不是对方身上。这导致我们明明是在倾听对方,却带着个人的理解,乃至偏见,无法做到

共情力与同理心

真正理解对方。共情式倾听可以使我们将注意力都放在对方身上，了解对方的诉求，而不是先入为主地从自己的角度去理解对方所说的一切。

当小玉向男友抱怨自己的提案没有得到领导认可的时候，男友先入为主地去想如果自己遇到这种情况会怎么做，他的确在倾听小玉的烦恼，却一边听一边联想自己会怎么做，而不是真正理解小玉的需求和感受。于是男友想当然地提出了自己的看法，他觉得既然出现了问题，去解决就行。男友完全没有找到小玉的需求点，他在倾听的过程中，被自己的想法分散了注意力，然后凭借自己的感觉说出了自己认为正确的解决问题的方式。小玉当然会觉得自己没有被理解。

在倾听过程中，如果我们代入了自己的想法，就无法将注意力集中在对方身上，且很容易将自己的想法强加给对方。而且我们在代入自己想法的同时，还很容易代入自己的情绪、情感，这会给倾听带来不理智的影响，极有可能会将倾听发展成一场争执。小玉男友就是代入了自己的想法，后来当小玉抱怨时，他也加入了自己的情绪，这让他更加无法理解小玉的本意。他和小玉都困在了自己的情绪中，这场争吵最终发展成了分手。

我们向对方倾诉，是希望对方能理解自己，可若是倾听者站在他的角度去理解我们说的一切，双方就无法产生共情，还会使我们不再信任对方。在共情式倾听中，倾听者能使对方产生信任，这份信任能使倾诉者增强安全感，消除焦虑、恐惧等消极情绪，从而促使沟通变得更加坦诚、开放。如果小玉男友在听到她的抱怨时，将

第三章 站在对方的角度去理解——共情式倾听

注意力转移到小玉身上,用心去体会小玉抱怨背后的焦虑情绪,然后给小玉一个发泄焦虑情绪的出口,那么小玉一定会在这种充满了信任的环境中,将自己的消极情绪全部发泄出去,这样她的工作压力会减轻许多,她会更加信任男友,更加觉得男友是个能给自己带来安全感的人。

在共情式倾听中,不论倾听者还是倾诉者都会感觉到平静和安全,这种感觉有助于我们缓解压力、消除消极情绪,也会促使双方进行共情互动。

对于倾听者,共情式倾听能使他放下自己的想法、偏见,全神贯注地倾听对方的诉求。由于将注意力都放在了倾诉者身上,倾听者会从注意倾诉者说话的内容扩展到注意倾诉者的肢体动作,这有助于倾听者更加了解倾诉者,深入倾诉者的内心,掌握他言行背后的心理。在倾听的过程中,由于共情力的存在,倾听者会一直保持平静,不会被对方和自己的情绪困扰。

对于倾诉者,共情式倾听使他觉得自己被人理解了,于是他会与倾听者建立共情关系,这会使他渐渐平静下来,他的焦虑、恐惧等消极情绪会被信任感和安全感所取代。当我们感觉自己处于一个信任、安全的环境中时,我们之前扭曲的想法会自动纠正。例如当我们与人发生争吵时,我们会觉得错误全在对方身上,会将对方贬低得一文不值,觉得对方是个十恶不赦的人。这个时候如果有一个共情式倾听者能听我们倾诉自己的烦恼,我们就会渐渐变得平静,从剑拔弩张的防御姿态中放松下来,从而认识到自己刚才的错误。

共情力与同理心

既然共情式倾听具有如此神奇的力量，那么我们应该怎么做到共情式倾听呢？共情式倾听的关键在倾听者，它需要倾听者带着共情力去倾听，倾听者首先要做的就是放下对自己的关注，将关注转移到对方身上。想要将注意力都集中到对方身上，就必须做到放弃以自我为中心的想法，不要一听到对方的某句话，就立刻联想到自己过去的某段经历，然后从自己的角度去劝解对方。这样不仅无法使对方敞开心扉，还会让对方产生防御性反应。

在倾听中，当倾听者将所有的注意力都集中到对方身上时，自然会注意到对方说话的语气以及出现的各种肢体语言，而不是只将注意力放在说话的内容上，这样会使倾听者顺利放下自己的想法和偏见，在倾听的过程中不会因自己的一些念头分心。当然共情式倾听并不意味着要被对方的情绪影响，彻底被倾诉者带入他的情绪中，而是要和对方保持一定的距离，这样才有利于共情关系的建立，否则就会被对方的情绪牵着鼻子走，同样会丧失理性。另外，共情式倾听的主要目的是倾听，并非为对方寻找解决问题的办法，像小玉男友那样的做法并不可取。倾诉者会在倾诉的过程中，因感受到倾听者的理解而渐渐恢复平静，当他感觉到信任和安全时，现实生活中的困境所带来的心理问题自然会迎刃而解，他也会找到走出现实困境的办法，不用倾听者越俎代庖。

走出自我为中心的视角

电影《原谅他77次》中的女主角吕慧心来自一个普通家庭,她是个努力上进且十分贴心的女人。她的爸爸是出租车司机,妈妈是全职主妇,每次她回家看望父母都会偷偷塞钱给妈妈,也从来不会惹爸爸生气,就算爸爸做得不对也不会违背他的意愿,因为爸爸有心脏病。

吕慧心大学毕业后做起了律师,她的男友张智思也是法律专业,却并不想成为一名律师,就去当了拳击教练。张智思来自一个经济条件不错的家庭,还是家里的独生子,从小顺风顺水,他人生唯一的挫折就是父母离婚、妈妈患癌,后来父亲再婚。可这对张智思的生活并没有多少影响,他的爸爸依旧很爱他,会为他安排好一切,后妈也不敢惹他,反而经常被他的话噎得无言以对。

吕慧心在处理工作和感情时是个很成熟的人,她深知男友爸爸很爱儿子,所以不允许男友不尊重他爸爸,而且在张智思母亲患癌期间,她也一直在照顾。与吕慧心相比,张智思显然是个幼稚的人,他对未来没有任何计划,只觉得目前的生活还不错。因此两人经常产生矛盾,比如看电影迟到的问题。

一次,两人相约去看电影,但张智思迟到了,吕慧心十分生

共情力与同理心

气,她最讨厌别人迟到,但张智思并不在意,他向吕慧心抱怨说外面的交通十分拥堵,所以他才迟到了。就在张智思准备进电影院时,吕慧心阻止道:"现在进去干吗,电影都演了一半了。"吕慧心显然对张智思的迟到很不满,但张智思没有感觉到,他只是轻描淡写地表示:"那就看下一场呗。"在张智思看来,迟到根本不是他的错误,只是下雨天导致交通混乱、堵塞,而且他觉得迟到本身也无关紧要,只要看下一场电影就可以了。可对吕慧心来说,她因为男友的迟到而错过了一场珍贵的电影,而且男友丝毫没有认识到自身的错误。

后来,两人在电影院附近发现了一家名叫"心动"的小店。吕慧心在店里发现了一本名为"原谅他77次"的记事本,她决定要在记事本上记录下自己的心路历程,原谅男友77次,若他还是不知悔改就离开他。

吕慧心和张智思已经在一起10年,两人早已没有了恋爱初期的甜蜜,还经常因为一些生活琐事而争吵,而且他们都觉得他们的感情有10年了,相信对方不会轻易离开自己,所以在矛盾发生的时候,双方通常也不会在意对方的感受。吕慧心会毫无顾忌地抱怨,想说什么就说什么,不顾及男友的自尊心。张智思则在面对女友的抱怨、批评和贬低时表现得漫不经心,他总觉得女友是爱自己的,所以就算被批评得一无是处他也不会反击,而是向她解释、顺着她,但这只表现在口头上,张智思从未在行动上改变自己。

张智思从来不会费心思去想女友到底需要什么,他只按自己的

第三章 站在对方的角度去理解——共情式倾听

想法来,比如送生日礼物这件事。在吕慧心生日时,她收到了一个精致的小盒子,本以为是枚戒指,因为毕竟她很渴望婚姻,但打开一看却是一个用纸折的心,再打开一看是份10年的1T云端硬盘的账单。张智思告诉女友,他一下子买了10年的1T云端硬盘,核算下来每个月只需要78块,还不用担心涨价。张智思觉得这是份很贴心且有意义的礼物,但他没注意到女友的失望以及女友无力的迎合:"我想我现在的心情就像冲上云端这么兴奋。"

吕慧心一直对婚姻充满了期待,当她收到朋友黛西的喜帖时羡慕不已,她会对男友说:"你看,你看,黛西的喜帖多可爱。"可张智思从来不会主动提起结婚,甚至在女友提起婚姻时表现出对婚姻的不屑一顾:"你不是说律师楼里有60%都是打离婚官司的吗,看来结婚就是离婚的第一步。"其实张智思根本没有结婚的打算,他不愿承担婚姻的责任,也不想被婚姻束缚住。

虽然吕慧心比张智思成熟懂事,但她从来没有和他好好沟通过,每当矛盾发生时,吕慧心总是在向他抱怨。如果吕慧心能静下心来好好地与张智思沟通,那么双方的关系或许会更进一步。或者吕慧心通过沟通发现张智思和她根本不是一路人,两人早早分手,不用在彼此身上多耽搁时间。比如当张智思买来葡萄曲奇时,吕慧心向他抱怨道:"葡萄曲奇,你知道我不吃葡萄干的吧,第一天认识我啊!我只吃葡萄不吃葡萄干,就等于我吃苹果不吃苹果派。"张智思苦恼地回应说:"你这是什么逻辑啊,我真的好难记住。"

吕慧心想让男友成熟一些,体贴一些,可张智思根本不愿变得

共情力与同理心

成熟和体贴,所以他不会去在意吕慧心的喜好,也不在意恋爱周年纪念日,他每天晚上很晚才回家,经常和朋友外出喝酒,甚至和另外一名女子去看电影。对于张智思来说,这些都是小事,不必去在意,可吕慧心却将这一次次的失望都记在了那本名为"原谅他77次"的记事本上。吕慧心记在本子上的都是一些小事,但她对男友的爱和耐心却随着这一件件小事不断消耗,直到最后一根稻草压倒了爱的执着这头骆驼。在吕慧心离开后,张智思才发现了这个记事本,他追悔莫及,主动去找吕慧心求和,并表示会洗心革面、改变自己。

在一段亲密关系中,例如情侣关系、夫妻关系,如果在矛盾出现时,双方都将错误归结到对方身上,争吵自然会发生。争吵之中,双方会互相谴责,觉得错误全是对方犯下的,所以对方应该承担所有的责任。但这只会慢慢消磨掉彼此之间的感情,相互抱怨显然只会让双方的冲突和矛盾加剧。争吵之中,双方都会受到自己情绪的影响,在愤怒之中,双方无法理性地认识到自己和对方身上的不足,只会一味地谴责对方,甚至专门打击对方的自尊心。吕慧心在因为一件小事和男友发生争吵时,会从小事渐渐升级到人身攻击,她将男友贬低得一无是处,好像他是一个没用的废物。

想要准确地了解一个人,就必须调整自己的视角,不能只从自己的视角去看待对方,还要站在对方的视角去看待所发生的一切。当我们学会走出以自我为中心的视角,并扩展自己的视角去看待对方时,我们就能建立起共情,能理解对方,了解对方的想法和感

第三章 站在对方的角度去理解——共情式倾听

受。在吕慧心和张智思的相处模式中,吕慧心一直在抱怨张智思犯下的一个个小错误,张智思虽然没有抱怨,也不会轻易和女友发生争吵,但他的回避态度显然表示也不准备好好和女友沟通。如果他们双方能走出自己的视角,多站在对方的视角去看待日常发生的矛盾,那么他们就能产生共情。

在现实生活中,我们习惯于用自己的视角去看待、评判周遭的人或事,这会导致我们经常性忽视他人的想法和感受,久而久之我们的视角只会越来越狭窄,越来越难以与他人产生共情。

张智思和吕慧心的成长历程完全不同,因此两人的性格也完全不同,例如他们在对待父母的态度上就截然相反。吕慧心是个贴心的人,她会委屈自己去体贴父母,因此她想当然地认为张智思也应该像她一样孝顺父母。吕慧心对待张父张母也很孝顺,她在张母患癌期间经常去看望她。但张智思不理解吕慧心与父母的相处模式,他也无法做到像吕慧心那么贴心,于是吕慧心觉得张智思是个不孝顺的男人。不论是张智思还是吕慧心都没有走出自己的视角去看待对方,都觉得对方应该按照自己的方式来对待父母,可这样只会加剧他们的矛盾,使得他们无法放下自己的偏见。

在人际交往中,我们会通过沟通的方式对他人进行评估,了解他人。可如果我们只站在自己的视角去和他人沟通,那么我们所得到的评估结果往往带着个人偏见,这会导致我们做出错误的决定。张智思和吕慧心在吵吵闹闹中相处了10年,他们只会站在自己的视角去对待日常生活中发生的矛盾,吕慧心不停地抱怨,谴责张智

共情力与同理心

思，然后张智思再哄她，两个人看似和解了，可事实上两人的矛盾并未从根本上解决。不论是吕慧心还是张智思，都不了解对方，且对对方做出了错误的评估。吕慧心渴望张智思能主动做出改变，能变得成熟一些、体贴一些，可她从未想过张智思到底怎么想，是否真的愿意做出改变。而张智思则一直在享受吕慧心的体贴照顾，他觉得吕慧心爱自己，所以不必去在意吕慧心的感受，只要敷衍地安抚好吕慧心的情绪就行，但他从未想过做出实质性的改变。

扩大自己的视角去倾听，会使我们掌握更多的信息，我们会将注意力都集中到对方身上，不再以自我为中心去看待对方，这时我们的关注点也在增加，从关注对方的说话内容，到关注对方的肢体语言、说话语气和面部表情。掌握的信息越多，我们就能越准确地对对方进行评估。

吕慧心和张智思在面对婚姻问题时，双方的态度明显不同。吕慧心从来没有明确提出结婚的要求，但她会向张智思暗示自己对婚姻的憧憬。张智思却并不想结婚，他不想承担婚姻的责任。如果吕慧心不是遇到一点儿不如意的小事就抱怨、指责张智思，而是多听听张智思怎么看待这件事，她就能对张智思做出一个正确的评估，就能认识到自己和张智思或许并不合适，早早分手对双方都好。或者，吕慧心可以努力促使张智思做出改变。而张智思如果能多站在吕慧心的角度去看待所发生的一切，他或许就能发生实质性的改变。

走进他人的感受

赵晓是一名高三学生，最近她妈妈发现她总是闷闷不乐，经常坐在自己的房间里发呆不说话，妈妈很担心赵晓的情况，就问她是不是在学校里发生了什么事。压抑了好几天的赵晓在妈妈的询问下，忍不住将心中的苦闷倾诉了出来。原来，赵晓最近和好朋友闹了点小别扭，心里很烦。赵晓本以为会得到妈妈的劝慰，或者妈妈给自己出个主意，可妈妈的反应却很不屑。在赵晓妈妈看来，高三学生应该将所有的精力都放在学习上，根本不应该为这点儿小事烦恼。表达完自己的不屑后，妈妈还叮嘱赵晓不要因为这点儿小事影响学习。

赵晓遇到的情况十分常见，许多家长都与孩子存在交流问题，因为大多数家长无法听进去孩子的话，每当孩子表达自己的烦恼时，家长总是心不在焉地听，一些家长甚至不等孩子把话说完就打断，然后对孩子进行评论。在许多家长看来，孩子经常为一些鸡毛蒜皮的小事烦恼，而在他们看来这些小事根本算不上烦恼。所以当孩子倾诉自己的烦恼时，家长通常三言两语就把孩子打发了，还会特别交代孩子将精力都放在学习上。

在亲子关系中，家长如果想要和孩子好好沟通，就必须学会共情式倾听。共情式倾听能使家长和孩子相互理解，如果家长都像

共情力与同理心

赵晓的妈妈一样,孩子就会觉得家长不理解自己,不懂得自己的心思,甚至会觉得家长根本不关心自己。在沟通过程中,倾诉很容易做到,倾听也较为容易,可真正的共情式倾听却很困难。

共情式倾听意味着自己要将所有的注意力都集中在对方身上。倾听者不仅要理解对方的意思和想法,还要放下自己的想法和判断,只有这样我们才能与对方产生共情,深入对方的内心,感受到对方的情绪、情感。

在亲子交流中,家长如果想要成为一名共情式倾听者,就必须向孩子传达一个信号,即自己愿意站在孩子的角度去理解孩子所说的话,去理解孩子的内心感受。这对于许多家长来说是一件很困难的事情,因为家长在与孩子相处时,通常会只顾自己说,用自己的想法去评判孩子的言行,而不是放低姿态,多听孩子表达、倾诉。家长除了要通过孩子的表达了解清楚事情的原委外,还要注意孩子的情绪。例如在上述案例中,赵晓的妈妈听明白了事情的原委,只是女儿在和好朋友闹矛盾,可她没有注意到女儿的情绪,她只站在自己的角度去看待闹矛盾这件事情,所以她觉得这只是件不值得在意的小事,可正是这件所谓的小事让赵晓苦闷了好几天。只有在倾听中多注意观察孩子的情绪,家长才能更准确地了解孩子的心理状态。

我们如果想要做到共情式倾听,就需要在倾听的时候时刻与对方保持眼神交流,身体前倾,而且在对方表达完毕后,重述一下对方的想法和感受,以确定自己是否理解有误,也让对方确认自己是否正确理解了对方的感受和想法。例如家长在和孩子进行沟通的时候,最好不要躺在沙发上,因为这会让孩子觉得家长高高在上,不利于沟通的进行,而且等孩子说完自己所遇到的问题后,家长要确认一下他的感受,而不是简单地评判或斥责。

共情式倾听的目的很简单,就是走进他人的感受,了解对方。每个人都需要一个充分表达的机会,而这恰恰是我们了解对方、调整自己视角的机会。

倾听的四个层次

《非暴力沟通》的作者马歇尔·卢森堡博士在他的书中记录了一个令人印象深刻的案例。马歇尔曾到巴勒斯坦的伯利恒德黑萨难民营中的一个清真寺进行演讲。当时美国面对中东问题时偏袒以色列，为了支持以色列，美国给了以色列许多武器，而以色列是巴勒斯坦的死对头。战争导致许多巴勒斯坦人无家可归，因此这些难民对美国充满了愤怒，对待美国人并不友好，马歇尔这个美国人自然遭到了敌视。

当时马歇尔演讲的听众是一群巴勒斯坦的穆斯林男子，大约有170多人。演讲过程中，一名男子突然站了起来，对着马歇尔大声喊道："杀人犯，滚出去！"其他听众纷纷附和起来，一边喊着杀人犯，一边让马歇尔滚出去。现场的气氛一下子变得紧张起来，如果马歇尔不马上离开，局面很有可能失去控制，如此发展下去甚至可能酿成悲剧。

但马歇尔没有离开，而是试着和这名喊他"杀人犯"的男人沟通："你这么生气是因为想要美国政府改变使用资源的方式吗？"男子说："天杀的，我当然很生气！你们以为我们需要催泪弹，可我们需要的是排水管，不是你们的催泪弹！我们要的是房子，我们

第三章 站在对方的角度去理解——共情式倾听

需要建立自己的国家！"

马歇尔问:"所以你很愤怒,你想要得到一些支持来改善目前的生活条件,并且在政治上变得独立?"男子说:"你知道我们带着小孩在这里生活了 27 年是什么感觉吗?你对我们长期以来的生活状况有一点点了解吗?"

马歇尔说:"听起来,你感到很绝望。你想知道,我或是别人是不是能够真正地了解这种生活的滋味?"男子说:"你想了解吗?我告诉你,你有孩子吗?他们上学吗?他们有运动场吗?我的儿子,他们就在水沟里玩耍,他们的教室里没有书,你见过没有书的学校吗?"

马歇尔说:"你在这里陪着孩子,可孩子却过得那么痛苦,你想告诉我,你只是想得到一个好的教育环境,来让你的孩子玩耍和成长,这也是所有父母想要给孩子提供的。"男子说:"这是最基本的人权,这不是你们美国人经常挂在口头上的人权吗?为什么不让更多的美国人来看看你们给这里的人带来了什么样的人权!"马歇尔说:"你希望更多的美国人能了解你巨大的痛苦,是吗?这样我们便能意识到我们政治活动造成的后果,是吗?"

马歇尔和这名男子的对话持续了将近二十分钟,期间那名巴勒斯坦人一直在表达自己的痛苦,而马歇尔则在认真倾听他说的每句话,并试图去理解他的感受,了解他的情感和需求,抚慰他的情绪。最后,这位巴勒斯坦人的愤怒情绪渐渐平复,他开始愿意听马歇尔演讲。一个小时后,这位将马歇尔称为"杀人犯"的男子主动

共情力与同理心

邀请马歇尔去他家享用丰盛的斋月晚餐。

我们在倾听的时候极易受到自己想法的影响,然后带着倾向性去倾听,也就是在对方开口表达时,我们已经有了自己的想法,当对方刚开始倾诉时,我们就试图用自己的想法控制或引导对方接下来想要表达的内容,或者不想继续听下去,于是漫不经心地听,或者挑剔地听。这两种倾听方式都会引起倾诉者的反感。其中漫不经心的倾听方式会伤害倾诉者的自尊心,而挑剔地听则会使倾诉者觉得倾听者不礼貌,从而使倾诉者变得戒备起来。

马歇尔来到清真寺进行演讲,他一定提前准备了很长时间,想要通过演讲的方式来宣传自己的理念。可这次演讲出了一个意外,一个男人跳出来说他是杀人犯,这是巴勒斯坦人对美国人普遍的仇视。在接下来的交流中,如果马歇尔不放下自己的想法去认真地倾听这名男子想要表达的愤怒,如果他表现出了漫不经心或挑剔的样子,势必会使这名男子更加愤怒,而这种愤怒会迅速传染给在场的其他人,那么场面将会变得难以收拾。

可马歇尔没有试图控制或引导这场谈话,他拿出了认真而谦逊的态度去倾听男子的诉求,放下了自己的想法和经验,给对方充足的空间,让对方去表达,而且他还带着开放的心态去理解对方。随着沟通的不断深入,两人之间建立了共情关系,在共情的基础上,他们可以更加理解对方,男子也开始愿意听马歇尔演讲,并认同马歇尔演讲的内容。于是演讲过后,男子不再将马歇尔看成一个可恶的美国人,而是将他视为朋友,一个可以理解他对美国人愤怒的朋

第三章 站在对方的角度去理解——共情式倾听

友,最终他向马歇尔发出了邀请,邀请马歇尔去他家享用丰盛的斋月晚餐。

在倾听过程中,如果我们放不下自己的想法,总是带着自己的经验去倾听,那么我们的共情力就会在很大程度上被削弱,我们就很难学会共情式倾听。如果总是带着这种封闭的心态去倾听,我们就会产生一种错觉,总觉得自己很了解对方,掌握了对方的所有信息,实际上这是一个错误的判断,只会招来对方的反感。

倾听主要分为四个层次。第一层次的倾听是心不在焉地听。倾听者在倾听的过程中显得心不在焉,几乎不会注意到倾诉者的说话内容,心里想着其他毫无关联的事情,或者内心只想等着对方说完进行辩驳。心不在焉的倾听者的注意力不是放在倾听上,他迫不及待地想要让对方赶紧说完,然后自己说话。心不在焉地倾听是一种极其危险的倾听方式,它会导致人际关系的破裂。

第二层次的倾听是被动消极地听。倾听者在倾听的过程中显得消极而被动,他常常对倾诉者产生误解,只将注意力集中在倾诉者的说话内容上,而错过了倾诉者的表情、眼神等肢体语言,因此被动消极地倾听通常会导致误解出现,双方无法进行真正的交流。而且,在被动式倾听中,倾听者为了表示自己正在倾听,通常会通过点头来回应,这可能会导致倾诉者产生误会,认为倾听者完全听懂了他说的话。

第三层次的倾听是主动积极地听。倾听者在倾听过程中能以主动积极的态度去听对方讲话,专心地注意对方,认真倾听对方讲话的内容。这种层次的倾听虽然会使倾诉者感觉自己被尊重，也能引起倾诉者的注意，但双方之间很难产生共鸣，倾诉者通常不会有自己被对方理解的感受。

第四层次的倾听是共情式倾听。共情式倾听与积极主动地倾听不同，它要求倾听者不仅仅带着耳朵去听，更要用心去听，这是最好的倾听方式。这种倾听者在倾听过程中，能从倾诉者所说的话中寻找到对方最感兴趣的部分，从而获取关键信息。共情式倾听者在听对方讲话的时候，不会着急做出判断，而是试着感受对方所表达的情绪、情感，设身处地理解倾诉者所表达的内容，并总结对方传递的信息。

最关键的是，共情式倾听者还会有意识地捕捉对方的非语言线索，通过询问的方式来回应对方，而不是辩解或质疑的方式。共情式倾听能促进良好人际关系的建立，因为双方能从交流中感受到理解和尊重。在上述案例中，本来仇视马歇尔这个美国人的巴勒斯坦人，会因为马歇尔的共情式倾听而感受到被理解和被尊重，所以他在倾诉的过程中渐渐放下了对马歇尔的戒备，当马歇尔进行演讲的时候，他会试着去理解马歇尔，并认同马歇尔所演讲的内容。

美国著名作家马克·吐温曾说过一句话："如果你身上唯一的工具是一把锤子，那么你会把所有的问题都看成钉子。"美国著名的投资家查理·芒格根据马克·吐温的这句话总结出了一种常见的现象，即人们在经过长时间的专业培训后，会成为经济学家、工程师、营销经理、投资经理等等。一旦一个人了解并熟悉了某一专业

第三章 站在对方的角度去理解——共情式倾听

领域的思维模式,那么他在处理事情的时候,就会尝试用自己的专业思维模式来解决,芒格认为这种现象就是"拿锤子的人"。也就是说,拿着锤子的人,看什么都像钉子。

锤子思维在现实生活中十分常见,我们很容易陷入锤子思维的心理误区中,例如常见的专业偏见,我们常常忍不住使用自己专业领域的方法,去解决其他领域中毫不相干的问题,并且会慢慢习以为常。举一个简单的例子,有一个人申请了银行贷款,成立了一家公司。不久之后,由于经营不善,公司倒闭了,这个人便在绝望之下自杀了。至于公司为什么会倒闭,不同的人会给出不同的分析。一位经济学家会觉得公司倒闭是宏观经济形势不好,或者市场竞争太激烈;一位金融专家则会觉得是贷款的问题,贷款可能不是一种正确的融资方式;一位地方小报的记者会猜想公司倒闭、这个人自杀,背后肯定有什么难言之隐,或者有不可告人的秘密,可能这个人私下里参与了赌博,结果欠下了巨额债务,遭到了债主追杀。这三个分析者分别站在各自的专业领域进行分析,他们手中拿着自己专业领域的"锤子",自然会带着偏见。

在交流过程中,我们也很容易受到锤子思维的影响。如果一个人已经有了他自己的想法,那么他将不再对他人想说什么感兴趣,他的共情力会大大削弱。带着锤子思维去倾听,很容易出现试图控制或引导沟通的情况,因为他在倾听的时候已经有了自己的想法,并认为自己的想法才是正确的。

我们只要抛弃锤子思维,放空自己,就能专心听对方讲话,

共情力与同理心

这种专心倾听的态度会使对方感到被尊重，他会觉得自己倾诉的内容很重要，认为自己得到了理解，这个时候共情就产生了，在共情的基础上，倾诉者会迫不及待地表达自己。如果倾听缺少了共情，倾听者就无法在倾听过程中专心听对方讲话，也无法抛下自己的想法，这时倾诉者能敏锐地感觉到对方的不专心，这很容易导致误解、冲突。

共情式倾听建立在进入对方视角的基础上，而不是带着自己的想法，试图控制谈话的内容。在销售中，如果销售人员总是不停地推销商品，滔滔不绝、夸夸其谈，不仅会使客户反感，还无法掌握客户的各种信息。一个不懂得倾听客户诉求的销售人员，往往容易引起客户的反感，因为客户感受不到销售人员的尊重。其实一个真正懂得销售的高手，会放下自己心中的"锤子"，试图与客户建立共情式沟通的关系，也就是说销售高手往往都是倾听高手。

在人际交往中，沟通是再正常不过的社交方式了，我们可以通过沟通来交换信息、联络感情。沟通与辩论或演讲比赛不同，它不是单方面的输出，而是一个互动的过程。因此我们在沟通的过程，只有借助共情力才能耐心倾听对方讲话，而当倾听者做出认真倾听的样子时，就向对方传达了一个信息：你是一个值得我倾听你讲话的人。这样在无形之中就提高了对方的自尊心，对方会因为你的尊重而感激，从而加深彼此之间的感情，使得沟通能和谐融洽地继续下去，也有利于共情关系的建立。

每个人都希望自己讲话时，对方能认真倾听，并把注意力都集

第三章 站在对方的角度去理解——共情式倾听

中在自己身上。当我们成为倾听者时,我们也应该保持饱满的精神状态去倾听对方讲话,而不是随意打断对方讲话。共情式倾听尤其忌讳随意打断对方讲话、迫不及待地表达自己的意思。例如当听到对方说到某个问题时,倾听者发现自己知道很多,于是忍不住想接过话题发表自己的看法,这是一种不尊重对方的表现,或许对方想要表达的和你想到的并不一样,倾听者应该耐心让对方表达完,这样才能听懂对方想要表达的内容。

心理上互换位置

小军与妻子莉莉刚结婚不久，他们的性格完全不同，小军是个不爱说话且相貌不出众的男人，莉莉是个热情开朗且长得不错的女人。一天，小军告诉莉莉，他的堂弟小强准备来这座城市工作，小军想叫些朋友来家里吃饭，顺便将小强介绍给朋友。席间，由于小军性格内向，莉莉就主动将小强介绍给在座的朋友。这时，朋友们的注意力都集中到了小军、小强和莉莉的身上，与其貌不扬的小军相比，小强因身材高大显得很有男性魅力，于是就有人说了一句玩笑话："看看，莉莉和小强才是天生一对。"小军一听立刻生气了，他将酒杯摔到地上就离开了，本来热闹的聚餐一下子变得尴尬起来，客人们纷纷找借口离开了。

事后，莉莉对小军说他不该那样做，不该将一句玩笑话当真，她还说这样会显得他小家子气。莉莉说话的语气很不好，还对小军的行为充满了鄙视和气恼。可小军却一直放不下此事，他总担心有男人靠近莉莉。就在此时，小强搬到了隔壁，原来小强初来乍到，总是找不到合适的房子，就托莉莉在隔壁租了间屋子。小军得知此事后十分生气，可他不敢将自己的想法告诉莉莉，怕莉莉再次生气、骂自己小家子气，于是就选择了忍耐。

第三章 站在对方的角度去理解——共情式倾听

一天傍晚,莉莉在给手机充电时,插座冒出了一股烟,电线很快燃烧起来,莉莉惊慌失措地呼救:"快来人啊,着火了。"当时小强正在隔壁洗澡,听到莉莉的呼救声后他穿了一条裤衩就来救火。将事故排除后,小强准备回家,此时正好碰到了小军,小军看到此景误会了两人,就打了小强一拳。挨打的小强莫名其妙地问:"大哥,你这是怎么了?"小军愤怒地盯着两人狠狠地说:"这就要问你们自己了。"被误会的小强十分生气,却不知道说什么。莉莉则一怒之下给了小军一个耳光:"你算什么男人!你不放心我,还不放心你弟弟?"

后来误会虽然解除了,小军却一直不放心,坚持让小强从隔壁搬走,小强为了不让堂兄猜疑自己,答应很快搬走。可莉莉却被丈夫的言行激怒了,她坚持不同意小强搬走,她说小强刚来此地,人生地不熟,这样让他搬走有些不近人情,而且她认为小强搬走正好应了"此地无银三百两"这句话,他们两人本来就是清白的。莉莉的阻挠使得小军更加怀疑她和堂弟的关系。

小军决定监视莉莉,于是以身体欠佳为由放下工作专门在家待着。莉莉越发看不惯丈夫,在和小军结婚前,莉莉就发现小军是个小心眼儿的男人,但她觉得小军对自己情有独钟,这是爱自己的表现,所以她才会答应和这个其貌不扬的男人结婚。可现在丈夫的种种行为却让她厌恶不已,她觉得丈夫就是一个自私、多疑、占有欲强且偏激的男子。

小强为了消除堂哥的猜疑,不顾莉莉的劝阻很快搬走了。小强

共情力与同理心

离开后,小军终于放心外出工作了,可他却没有完全放心,仍时刻留意莉莉的去向。莉莉在得知小强搬走后,心里过意不去,就去看望小强,想向他解释一下。当小军得知莉莉主动去找堂弟时,他立刻跟了去,看到小强上去就给了他一拳,还口口声声说小强勾引莉莉。小强觉得很委屈,他解释说:"大哥,请你相信我,不要再打了,我如果还手,你可真不是我的对手。"

小强的这番话彻底激怒了小军,他觉得小强是故意贬低自己,强调他身材高大,小军冲着小强喊道:"我知道我不是你的对手,可我敢和你拼命!"说着小军就开始不断打小强,小强只能抱着头一动不动,莉莉看小强不还手,便开始护着小强,这一举动令小军更加气愤,他无法忍受莉莉向着小强。就在小强准备离开时,小军给了小强一棍子,小强因骨折摔在地上。

小军此时已经完全失去了理智,他拉着莉莉准备离开。可莉莉看着地上的小强不忍心,她对小军吼道:"我不能和你回家,我要送小强上医院。"小军一听更加恼火:"你还真舍不得他。"莉莉说:"你把他打成这样,我怎么能和你一样狠心一走了之。看来,你不仅人长得丑,心更毒。既然你对我这么不放心,我就和你离婚。"莉莉当时也很生气,于是一气之下提出了离婚。其实她并不是真心想和小军离婚,可小军当了真,他走了。

小军走了几步,忍不住回头看了看,这时他发现莉莉正搀扶着小强上车去医院,心碎不已的他立刻离开了。之后的几天,莉莉一直留在医院照顾小强没有回家,这使小军对莉莉更加失望,他觉得

第三章 站在对方的角度去理解——共情式倾听

莉莉是铁了心要和自己离婚,于是一天晚上,无法接受这一事实的小军服毒自杀了。

小军会走上绝路,与他的嫉妒心理密不可分,他总觉得自己在相貌上与妻子不匹配,所以当有人拿莉莉和堂弟开玩笑时,他会生气,并怀疑妻子与堂弟之间的关系。但酿成这幕悲剧的根源不仅仅是嫉妒心在作怪,还有自我中心意识。

自我中心意识是人际交往的一大障碍,尤其会影响双方的沟通。"自我中心"这一概念的首先提出者是瑞士的心理学家皮亚杰。"自我中心"具体是指一个人只从自己的角度、用自己的眼光和感情去看待周围的世界、处理所遇到的问题。通常情况下,自我中心倾向在儿童身上十分常见。也就是说,每个人在幼年时期都会表现出强烈的自我中心倾向,认为自己是世界的中心,自己的看法是对的,且无法接受别人以不同的视角看待人或事。

在儿童成长的过程中,自我中心意识的出现是必不可少的,这是一个进步,意味着我们能将自己作为主体从客体中分离出来。随着年龄的增长,自我中心意识会渐渐消退,我们会意识到以自我为中心是一种幼稚的表现,它会阻碍我们进行社交,因为没有人愿意和一个以自我为中心的人交朋友。可这并不意味着每个人的自我中心意识都会随着年龄的增长而消失,每个人的成长经历不同,因此他的自我中心意识也会程度不同地存在着。

一个成年人,如果无法克服自我中心的心理,他就会成为一个自我中心性格的人,无法清醒地认识客观事物,无法理智地看待周

共情力与同理心

遭发生的一切。他在与他人进行感情交流时,无法做到理解对方,只想站在中心位置;他在交流过程中,总是滔滔不绝、讲个不停;他在倾听时忍不住去打断对方,无法与对方产生共情。一个自我中心性格的人如果想要成为一个共情式倾听者,那他首先必须克服自我中心思维,学会心理互换,这样才能与他人相互理解。

所谓心理互换,就是人与人之间在心理上互换位置,通俗点说就是将心比心、己所不欲勿施于人。在人际交往中,心理互换尤为重要,如果我们能对对方所遇到的问题设身处地地想象、理解,站在对方的位置、角色、情境去思考,那么我们就能与对方产生共情,能深刻地体会到对方表现出某种言行的原因。可对于自我中心性格的人来说,心理互换常常很难做到,他遇事时的第一反应就是以自己的心态去看待问题、对待他人,这样自然难以产生共情。许多人际交往中的问题都是因为没有及时进行心理互换而产生的。

在上述案例中,小军、莉莉、小强都存在不同程度的自我中心意识,这种自我中心意识阻止了他们进行心理互换。其实一开始在聚会上,小军的朋友就不该开玩笑,他的那句玩笑话在他看来只是一句玩笑,可他没有站在小军的立场上去理解小军的感受。小军没有理解妻子的心意,也没有理解堂弟的处境,所以他会猜疑两人的关系。小强也没有站在堂兄的立场及时和堂兄沟通,在堂兄本就对他和莉莉心存怀疑的情况下,小强还找莉莉帮忙,并搬到了隔壁居住。

在这三个人中,莉莉的自我中心意识表现得最为明显。莉莉

第三章 站在对方的角度去理解——共情式倾听

会选择和小军结婚,就是因为小军对自己情有独钟,凡事都会顺着她,事事以她为中心,她基本上不用在乎丈夫的感受,因此当夫妻二人出现问题时,莉莉只会站在自己的角度一味责怪丈夫,而不会与丈夫进行有效的沟通。

莉莉显然是个自我中心性格的人,所以她在面对夫妻问题时,只站在自己的角色、位置上去考虑,完全以自己的心态来看待问题、对待他人,根本不会心理换位。如果莉莉能跳出自我中心的局限,心理互换,为丈夫考虑一下,她早就应该在客人开玩笑时,给丈夫以理解,理解丈夫受辱的感受,而不是鄙视丈夫,说丈夫小家子气。于是莉莉的不理解和鄙视,使得这个小矛盾逐渐扩大。

后来小强向莉莉求助,莉莉觉得应该帮助小强,于是让小强住在了隔壁。莉莉如果真的在意丈夫的感受,就会和丈夫商量此事,帮堂弟重新找一个住处。可莉莉坚持认为清者自清,就要让堂弟住在隔壁。当电路起火造成误会时,莉莉没有解释,而是直接给了丈夫一个耳光。在堂弟搬走后,莉莉觉得过意不去,准备去看望堂弟,此时的她完全可以叫上丈夫,而不是单独前往。在丈夫将堂弟打伤后,莉莉本该好好劝慰丈夫,让丈夫留下来和她一起照顾受伤的堂弟,可她不仅没有这样做,还一气之下提出了离婚。莉莉对丈夫的言行感到很生气,致使她更加不会心理互换,所以在医院照顾堂弟时,莉莉拒绝回家和丈夫好好沟通。

在人际交往中,沟通十分重要,可如果总带着自我中心的心理进行沟通,我们就无法做到共情式倾听。共情式倾听不是单方面的，而是需要双方有来有往，这恰恰是自我中心性格的人的缺陷所在，因为自我中心心理的影响，他无法成为倾听者，只会不停地讲话，毫不关心对方是否想要表达。因此自我中心性格的人如果想要成为共情式倾听者，就必须学会与对方进行心理互换，跳出自我中心的心理，这样才能做到相互理解。

第四章 错误的人际互动更易使人陷入压力中——共情障碍

共情力过强带来的烦恼

美国女歌手 Lady Gaga（原名史蒂芬妮）出现在公众面前时总是化着大浓妆，踩着恨天高，扮相惊人，给人一种潇洒、狂野之感，但在一部纪录片中，史蒂芬妮展现出了她日常生活中的另一面，这次她没有夸张的妆容，只是穿着简单的白 T 恤，牛仔短裤，化着淡妆，梳着简单的马尾辫。纪录片中的史蒂芬妮表现出了自己脆弱而柔软的一面。她在聊起自己日常生活中经历的一些事情时，甚至会忍不住哭泣，就像一个不会掩饰自己情绪的小女孩。

史蒂芬妮曾患过一场大病，当时的她被巨大的压力和低落的情绪折磨着，会全身痉挛，也会因无法忍受疼痛而哭泣。在史蒂芬妮病情发作接受治疗时，她一边因疼痛而哭泣，一边想着其他患者，她说自己赚钱比其他人容易，金钱可以帮助她及时接受治疗，可就算如此她还是被折磨得很痛苦，她这种情况尚且还觉得很难熬，那么其他顶着经济压力的患者将会更加难熬。

史蒂芬妮的姑姑是一个非常有音乐才华的女孩，可惜得了红斑狼疮，早早离开了人世，史蒂芬妮为了纪念死去的姑姑，专门为她创作了一首歌曲，并让奶奶听这首歌。听歌的时候，史蒂芬妮十分同情姑姑的遭遇，忍不住哭泣起来，奶奶——这位经历了女儿去世

第四章 错误的人际互动更易使人陷入压力中——共情障碍

的母亲却不得不坚强地安慰哭泣的史蒂芬妮。

在一次演唱会开始前,史蒂芬妮和大家一起辛苦地排练。休息期间,助理安慰史蒂芬妮说"辛苦了"。史蒂芬妮却说,她赚到了很多钱,辛苦是理所当然的,真正辛苦的是那些伴舞。在演唱会开场前,史蒂芬妮还专程鼓励伴舞们,因为她觉得伴舞们更加辛苦。

史蒂芬妮显然有很强的共情力,她能很容易地体会到他人的情绪和感受,因此她总是受到消极情绪的影响,甚至将无关的责任揽在自己身上,例如遭遇未婚夫分手、闺密患癌的糟糕经历时,史蒂芬妮总是将原因归结到自己身上,她觉得自己不够好,所以美好的事物总会离开自己。

有这样一些人,他们特别擅长觉察别人情绪的变化,不管是谁,只要对方的情绪出现一点点反常,他们就能敏锐地捕捉到,即使周围的人根本没有感觉到异样。他们不仅能察觉到别人情绪的变化,自己也会受到这些情绪的影响。这些人并不缺乏共情力,相反,他们的困扰是共情力强大到已经影响到了自己的生活质量,他们不仅要承担自己的情绪,还不得不兼顾别人的情绪。

过度共情者通常有以下几种表现:

第一,在人际交往中,过度共情者能敏锐地捕捉到他人注意不到的细节,他们对细节的敏锐度很高,而且会对捕捉到的细节进行思索、解读。例如当过度共情者向一个人求助时,对方哪怕只出现了一瞬间的迟疑,过度共情者也会捕捉到,并且他们会对对方的迟疑进行解读,怀疑自己的求助给对方带来了麻烦。

第二,过度共情者会带着放大镜去观察他人的情绪变化,一旦对方的情绪有丝毫变化,他们就能立刻察觉到,尤其是像悲伤、愤怒、失望这样的消极情绪。在他们面前,任何人都无法隐藏自己的情绪,即使对方一直表示自己没事,过度共情者也依旧可以透过对方平静的外表,察觉到对方内心的情绪变化。

第三,由于过度共情者能敏锐地感受到对方的情绪,且深受对方情绪的影响,他们会不自觉地照顾对方的情绪,试图让对方开心起来。为了让对方开心,他们会努力取悦对方,甚至牺牲自己的利益,只为安抚对方的消极情绪,似乎对方开心了,他们就不必再被对方的消极情绪影响。因此过度共情者很容易成为一个老好人,在与他人相处时小心翼翼地照顾对方的情绪,无法将自己与他人的情绪分离开来。

第四,过度共情者很容易陷入他人的消极情绪中,每当他人被消极情绪困扰时,过度共情者所感受的消极情绪比对方还要强烈,似乎看到对方受苦,自己比他更为难受,总想帮助对方摆脱消极情绪的影响,即使对方根本没有向他求助。例如过度共情者在观看一部电影时,很容易入戏太深,让自己沉浸在电影主角的消极情绪中无法自拔。

有一部分过度共情者属于高敏感人群,研究显示大约有20%的人属于高敏感者,他们有着异常敏感的大脑,能感受到声音、气味等任何细微的外部刺激,当然还包括他人的情绪。由于这种异常敏感的感受力,他们在面对正面或负面的外部刺激时都会产生十分强

第四章 错误的人际互动更易使人陷入压力中——共情障碍

烈的反应。

与异常敏感的过度共情者不同,还有一些过度共情者并非天生,而是受到后天环境的影响而形成的,其中在以下两种类型的家庭坏境中长大的人,更容易被过度共情影响。

第一种,父母情绪不稳定且难以控制自己的情绪。这种父母会经常向孩子或其他家庭成员发泄自己强烈的情绪,还可能出现言语或肢体暴力。此外患有边缘型、自恋型或表演型人格障碍的父母也会出现情绪不稳定的情况。

如果父母情绪不稳定,那么孩子就会产生一种危机感,常常处于一种惊恐或焦虑的状态中,因为他们不知道父母为什么情绪失控,于是只能小心翼翼地观察父母的情绪变化。还因为情绪变化往往意味着危险,于是他们得帮助父母控制情绪,例如当觉察到父母的情绪出现变化时,他们会特意讨父母欢心,有的孩子甚至还承担起照顾父母情绪的责任。

在这种环境下长大的孩子,会拥有过度共情的能力,他们的这种能力并非是为了与他人产生共情,感受他人的情绪,而只是一种自我保护机制。因为他们必须在第一时间察觉对方情绪的细微变化,然后做好应对准备,才能防止自己受到伤害。

对于这种过度共情者来说,对方的消极情绪会使他本能地感到危险,他们会产生条件反射式的不安与焦虑。因此为了消除自己的不安与焦虑,他们所能做的就是在觉察到对方的消极情绪时,安抚好对方的情绪,只有对方开心了,他们才会觉得自己安全了,否则他会时刻感觉自己处于危险之中。总之,此种类型的过度共情者需要确保他人情绪平静、快乐,他才感觉到安全。

第二种,过于严厉、苛刻的父母也很容易养育出过度共情的孩子。这种类型的父母往往对孩子有着很高的期望,会严格要求孩子,每当孩子出现错误或者没有达到他们的期望时,他们就会严厉批评或惩罚孩子。可当孩子表现出色时,他们却吝于赞扬孩子。父母惩罚孩子的方式有很多种,常见的惩罚有口头上的批评和情绪暴力。情绪暴力虽然不如口头批评那样直接,但却更让人觉得压抑,因为这种惩罚会使孩子感到愧疚。例如当孩子未达到父母的期望时,父母会觉得焦虑、烦躁,于是借助叹气、不和孩子说话等方式向孩子传达"你表现得很糟糕,我对你很失望"的情绪。

在批评和情绪暴力的双重影响下,孩子会渐渐将父母对自己的苛责内化,将批评当成外界对自己的客观反馈,认为自己真如父母批评的那样差。长此以往最终他会成为一个过度强调过失的人,不允许自己犯错,因为犯错的后果太严重。他还会对他人的情绪格外敏感,将对方的情绪当成对自己的评价。当对方开心时,他会觉得对方对自己满意;可当对方出现消极情绪时,他会认为是自己的某个过失导致对方出现了消极情绪,于是他会尽自己所能安抚对方的消极情绪。例如当对方表现出了生气的样子,他会立刻捕捉到,并开始思考是不是自己说得不对或做得不对导致对方生气了。总之,此类过度共情者会将他人的情绪当成对自己的评价,而负面情绪就是负面评价,他不想得到负面评价,因此他会努力消除对方的负面

第四章　错误的人际互动更易使人陷入压力中——共情障碍

情绪。

在任何一种关系中，个人边界都十分重要且必要，每个人都是一个独立的个体，需要对自己的情绪和行为负责，不要将这份责任推卸给他人，也不必将他人情绪和行为的责任揽在自己身上。在一个健康的家庭模式中，家庭成员之间必须讲究个人边界，如果家庭成员间边界模糊不清，那么这个家庭势必会产生不健康的相处模式。例如过度共情者过度关注他人的情绪和感受，无法将自己的情绪和对方的情绪分离开来，也意识不到每个人只需要对自己的情绪负责。

在上述两种父母类型中，他们与孩子之间的个人边界就存在模糊不清的问题，他们没有和孩子保持适当的距离，也没有将孩子视为一个独立的个体去尊重。因此他们会培养出过度共情的孩子，这样的孩子无法意识到别人的情绪可能与自己并没有关系，也意识不到再亲近的关系也要保持自身的独立性和自主性。

在人际交往中，共情力是必不可少的能力，共情力可以帮助我们察觉到他人的情绪、想法和感受，并站在他人的立场去理解、思考，我们想要处理好人际关系并享受人际交往，共情力必不可少。可过度共情不仅不利于人际互动，反而还会给当事人带来压力。

过度共情者对他人的情绪敏感且反应强烈，他们无法分清楚自己的情绪和他人的情绪，并认为自己要对他人的情绪负责，有责任安抚他人的情绪。这会给他们的人际交往带来很大的困扰，他们甚至会因此回避人际交往，而且他们自己也会因过度敏感而苦恼和焦虑。过度

共情力与同理心

共情者要想摆脱过度共情的烦恼，需要从以下几个方面着手：

第一，明确情绪的来源。对他人的情绪感同身受是每个共情者都会有的感受，但正常的共情者只是感受到了对方的情绪，而不是因对方的消极情绪而不安、焦虑，迫切地想要对方尽快摆脱消极情绪。例如一个人心情很糟糕，他只想一个人安静一会儿，共情者在感受到他烦躁的情绪后，会给他一个安静的空间，而过度共情者会想方设法让对方变得开心起来，仿佛让对方开心起来是他不可推卸的责任。总之，共情力只是帮助我们感受到对方的情绪，我们明确知道自己受到了对方情绪的感染，而过度共情则是将对方的情绪视为自己的情绪，并且会因对方的消极情绪而不安、紧张和焦虑。

第二，明确他人的情绪是否与自己有关。过度共情者在敏感地察觉到他人的情绪变化后，会害怕、焦虑、不安，或者担心这是他人对自己的负面评价。这时他需要明确他人的情绪是否与自己有关，若无关，他就需要证实对方的情绪并非指向自己，自己不会因对方的消极情绪而受到伤害或得到负面评价。为了验证这一点，过度共情者需要按捺住自己，不让自己对他人的负面情绪立刻做出反应，例如不去取悦对方。

第三，明确个人边界，告诉自己每个人只需要对自己的情绪负责，而不需要为他人的情绪负责。我们每个人被各种各样的人际关系包围着，例如朋友、家人、恋人等。这些关系有疏远的，也有亲密的，可再亲密的关系也要有个人边界。每个人都是独立于他人的个体，即使你对他人产生了共情，也要明确个人边界，例如当你对

第四章　错误的人际互动更易使人陷入压力中——共情障碍

恋人的痛苦感同身受的时候，应该告诉自己："这是他的情绪，他需要为此负责，我可以站在他的立场去感受和理解他，给出一些建议，陪伴他，但不能干涉他，不能让自己深陷到他的情绪中。"总之，在人与人的相处中，个人边界十分重要，当然，个人边界会因关系的亲密与否而弹性调整。

情感连接与共情力发展

第二次世界大战结束后,罗马尼亚和许多遭受战争蹂躏的国家一样,陷入了经济困顿、人口锐减的困境。1965年,齐奥塞斯库上台,他打算发展经济、增强国力,可他发现此时因为生产人口不足而无法开展活动。为了提高人口数量,齐奥塞斯库废除了以前关于个人可以自由流产的法律,实施了禁止堕胎的政策。很快,政府重新颁布了一项法令,节育和堕胎被视为违法行为,堕胎者将会被判刑、囚禁,而且妇女月经期要接受严格的检查和盘问。在政府政策的影响下,生育成了每个家庭的头等大事,不生育孩子的人会被视为背叛国家的人,而且按照规定每个育龄妇女至少要生4个孩子。

一时间,婴儿如潮水一样涌来,过多的孩子势必会给家庭带来沉重的负担。个人和家庭无法负担,于是大量的婴儿被送到由政府出资修建的国家教养院。可随着婴儿的不断增多,教养院出现了护理人员不足的现象。为了解决这一问题,教养院只能用制度化的方式来管理婴儿,婴儿开始接受批量抚养,过早地开始了集体生活。他们每天必须7点起床,7点半接受喂食,8点换尿布,一个护理人员要照顾10个或20个孩子,甚至是40个孩子。每个孩子每天与其他人接触的时间只有匆忙的几分钟,在这几分钟里,他在被喂

第四章 错误的人际互动更易使人陷入压力中——共情障碍

食或换尿布,而其他时间里,他只能望着天花板、墙壁或小床的栅栏发呆。

1989年,罗马尼亚发生政变,这些拥挤在教养院的孤儿们一下子暴露在世人面前,他们生活在卫生条件恶劣的拥挤环境中,不少孩子濒临死亡,活着的孩子都存在严重的心理、生理疾病。

该事件经过报道后震惊了全世界,从那之后的20年内,教养院里的许多孩子被送往美国、英国和加拿大的家庭生活。虽然领养家庭为这些孩子提供了良好的成长环境,也很关心他们,可他们还是出现了许多行为问题,例如无法与人交流,总是独自坐在角落里,甚至出现像自闭症一样的某种刻板行为,比如不停地前后摇晃身体。

每个人在成长过程中,对母亲或照料者产生情感上的依恋十分重要,这份依恋不仅能促使我们健康成长,还有助于我们发展出社会性情感,特别是有助于共情力的发展。在罗马尼亚的教养院内,孤儿根本不可能与护理人员产生情感上的依恋,所以他们即使侥幸活了下来,在成年后也会出现许多心理障碍和行为问题,即使收养家庭的父母努力关心他们,温暖他们,他们也无法与之产生共情。

早在1945年就有人研究过幼儿与母亲的情感依恋,这个人是美国精神分析学家勒内·施皮茨。施皮茨的研究是在美国的两个儿童之家进行的,其中一个是孤儿院,另一个是监狱。

在孤儿院内,每个婴儿待在自己的小床上,除了洗澡、换尿布和喂奶外,婴儿几乎接触不到任何互动和刺激,护理人员很少抱婴儿,基本不会与婴儿产生肢体上的接触。但这里的卫生条件很好,

共情力与同理心

食物也很充足。婴儿渴望能与护理人员互动，有时会做出微笑等友好性动作，有时也会用哭喊来吸引护理人员的注意，但护理人员不会理睬他们，这在当时是很常见的照顾孤儿的方式。久而久之，孤儿不再发出声音，变得安静起来，整个人呆呆的，不会主动与周围的人进行互动，就好像一个没有生命的布偶。而且孤儿院中婴儿的死亡率很高，许多孤儿在两岁前就死去了。

与孤儿院相比，监狱的环境要差许多。在一所特别的监狱里，有一个儿童之家，这里关押着身为人母的犯人，她们的孩子就被安排在监狱的儿童之家里，不过按照规定，这些母亲每天都有时间看望孩子，在这个时间段内，每位母亲会和自己的孩子互动，如拥抱、玩耍。在这里，孩子们更为健康，很少会像孤儿院里的孩子那样呆若木鸡。

20世纪50年代，英国发展心理学家约翰·鲍勃提出了著名的依恋理论，在他看来，生命早期的依恋会对一个人的情感和心智发展产生关键性的影响。鲍勃用依恋理论解释了施皮茨所发现的现象，他认为一个人只有在婴幼儿时期与母亲或养育者建立依恋关系，从而发展出深厚的情感，他才可能成长为一个心理健康的人，否则就会出现许多问题。在幼儿时期，行为问题并不显著，主要表现为进食障碍和生理问题。可随着年龄的增长，他的行为问题会变得越来越严重，与其他人相比，他的智商更低、语言技能差、攻击性强、不合群、难以与他人相处。

鲍勃还提出，婴儿在1岁以前与母亲或养育者建立深厚的情感

第四章　错误的人际互动更易使人陷入压力中——共情障碍

是必需的，因为在这期间他开始学习基本的人类沟通技能，例如解读面部表情等。如果在这一时期，婴儿被迫与母亲分离，或者无法与母亲互动，那么他在长大后就会出现许多行为问题，例如变得更暴力，一点点压力就会使他变得暴躁无比。

　　人是社会性动物，寻找情感联结是每个人的本能，罗马尼亚教养院和施皮茨的研究都说明情感联结比生理需求更重要。情感联结的本能，使我们从出生起就渴望依恋他人，我们的依恋对象通常是母亲，母亲不仅为我们提供食物，照料我们的生活，更重要的是她能与我们产生互动。在良好的母婴互动中，我们学会了沟通技巧，学会了如何与他人建立情感关系，这些是我们发展共情力的基础，同时也有助于共情力的发展。如果一个人在生命早期缺乏情感联结，那么他在长大后与他人建立情感关系时将会遇到阻碍，他的共情力发展也会受阻。

没有情感的共情力

电影《坏种》的女主角艾玛是个有着天使般容貌的9岁女孩，她学习成绩优异且性格乖巧，但也表现出了不同于一般孩子的特点。与班上的其他孩子相比，她冷静、冷酷、大胆，又十分擅长伪装自己。当一只大黄蜂飞进教室，同学们被吓得尖叫、四处逃窜，老师不知所措时，只有艾玛冷静地走过去，拿个杯子将大黄蜂罩住，再拿纸抵住杯子下方，将大黄蜂送到窗边放走。

艾玛和父亲生活在一起，她一出生母亲就去世了，父亲常年忙于工作，对艾玛的照顾和关心也很有限。艾玛似乎天生就是如此冷静，冷静到冷酷。她对外界的一切都是麻木的，没有感情，所以她能将大黄蜂用杯子扣住放走，也能将猫溺死在喷泉里，事后还若无其事地告诉父亲：有只猫死了。当一名女同学炫耀自己新买的漂亮手表时，艾玛在一旁冷冷地看着，之后她故意将女同学撞倒，在礼貌地将对方扶起来的瞬间，偷了对方的手表。

在学习上，艾玛十分用心，且极端地追求完美，她的房间里摆放了许多奖杯，她对学校即将颁发的圣奥登公民奖牌志在必得。在奖牌颁发当天，艾玛穿上了一条漂亮的裙子，在父亲的陪同下来到了学校。让人意外的是，校方和老师决定将奖牌颁发给一个名叫

第四章　错误的人际互动更易使人陷入压力中——共情障碍

麦洛的小男孩，老师认为艾玛虽然是班上学习顶尖的学生，但她似乎生活在一个和所有人不同的世界中，她从未见过像艾玛这样的孩子，似乎没有任何生理恐惧。但麦洛不一样，麦洛虽然有很多缺点，学习成绩很一般，但他活泼开朗，有许多朋友。

在麦洛上台领取奖牌时，艾玛脸上的笑容一点点消失，她认为像麦洛这样一个毫无能力，甚至连演讲都讲不好的人根本不配得到奖牌。于是艾玛展开了报复，她将麦洛骗到海边的悬崖处，然后将麦洛推下悬崖，夺走了他的奖牌。

几个小时后，人们发现了麦洛的尸体。艾玛的父亲大卫在得知麦洛死亡的消息后，想要安慰一下女儿，毕竟麦洛是她的同学，他担心艾玛无法接受这个事实。但艾玛显得很平静，她似乎对麦洛的死一点都不在意，只是晃着腿一边吃麦片一边讨论麦洛的死，甚至还一脸笑意。

大卫每天忙于工作，在照顾艾玛的生活上有些力不从心，于是经人介绍给艾玛找了一个保姆，这个保姆名叫克洛伊，是个年轻漂亮的女人。克洛伊并不是一个称职的保姆，她在照顾艾玛时马马虎虎，却将心思放在了大卫身上。

在麦洛的葬礼举行完毕后，他的父母发现儿子的奖牌不见了。艾玛的老师埃利斯从其他学生那里听说，麦洛在出事前曾和艾玛在一起，于是埃利斯来到了艾玛家，向大卫和艾玛了解情况。当克洛伊偷听到埃利斯描述的一切后，立刻怀疑上了艾玛，她认为麦洛的死一定和艾玛有关，后来她在艾玛的床下发现了奖牌，就更加确认

共情力与同理心

自己的猜测。

起初克洛伊用奖牌的事来威胁艾玛,让艾玛乖乖听话。后来克洛伊将此事告诉了大卫,在大卫的质问下,艾玛撒谎说,她在和麦洛玩一个游戏,麦洛输了,就将奖牌借给自己戴。

不久之后埃利斯老师出车祸身亡的消息传来。在埃利斯开车离开艾玛家时,她的车上突然多了一个马蜂窝,马蜂飞出来蜇人,埃利斯在驱赶马蜂的时候出了车祸。巧合的是,艾玛家仓库里的马蜂窝不见了。

接二连三的诡异死亡事件让大卫开始怀疑艾玛,于是他带着艾玛去看心理医生。艾玛十分擅长伪装自己,于是她成功骗过了心理医生,心理医生在和艾玛聊过后告诉大卫,艾玛是个百分百正常的女孩。

一天晚上,大卫和一名女子在外约会时突然得到消息,他家里的仓库失火了。大卫匆忙赶回家后,得知家中的保姆克洛伊在仓库里被活活烧死,警方初步认定事故原因是克洛伊在仓库吸烟导致失火。可事实上是艾玛将克洛伊诱骗到仓库,等克洛伊进入仓库后,艾玛将门窗牢牢锁死,然后放火,在窗边眼睁睁地看着克洛伊求饶,最后葬身火海。

冷静下来的大卫开始觉得事情不对劲了,于是当天夜里他就去质问艾玛是否杀了这些人,艾玛承认了,她直言不讳地告诉父亲:"我没做错什么啊,她是成年人,她该更好地保护自己啊。"大卫开始犹豫是否报警,最终他决定带着女儿去湖边小屋。他发现女儿

第四章 错误的人际互动更易使人陷入压力中——共情障碍

是一个天生邪恶的人，好像一个没有感情的冷血动物，永远不会变好，为了不让她继续作恶，他得想办法解决。

来到湖边的小屋后，艾玛发现了父亲的心思，她当即决定要杀死父亲。当发现父亲给自己的咖啡里放了安眠药后，艾玛调换了杯子，让父亲喝了掺入安眠药的咖啡。而大卫一直有失眠的困扰，经常服用安眠药，身体对安眠药产生了抗药性，所以他在半夜醒了过来，只是迷迷糊糊，身体不太受自己控制。当大卫发现艾玛拿着枪对着自己时，他立即从艾玛手中夺走了枪。这或许是艾玛的计谋，她立刻逃离了房间，一边打电话报警说父亲想要杀死自己，一边躲进了厕所。最后大卫破门而入，只是大卫还没来得及开枪就被赶到的警察射杀。

看到警察后，艾玛无助地哭泣起来。天亮后，警方一边处理现场一边将艾玛的姑妈带到这里，姑妈看到艾玛后立刻将她抱住。在姑妈看来艾玛一定吓坏了，因为艾玛看起来既伤心又害怕，可当姑妈抱住艾玛时，艾玛却露出了邪恶的微笑。

艾玛显然是一个让人想要远离的人，她虽然有着天使般的容貌，却十分邪恶。无论是谁，只要威胁到她的利益，对她来说都是该死的。而且艾玛缺乏感情，她无法理解其他人为什么在看到死去的人和动物时会露出悲伤的表情。艾玛没有正常人的情感，她能感觉到的只是麻木。

艾玛属于典型的反社会人格障碍者，她存在品行障碍，反复出现了具有攻击性、反社会性的行为障碍，例如说谎、杀害动物和

共情力与同理心

人。反社会障碍者通常具有以下几个特征：自我为中心、不会感到焦虑或内疚、对自身行为所造成的影响缺乏醒悟、无法从惩罚中获得教训、情感贫乏、无法维持长期稳定的亲密关系。

当我们意识到自己做了一件坏事后，我们会感到焦虑和内疚。感到焦虑是因为担心遭受惩罚，感到内疚相当于自我惩罚，这是共情力在起作用。正因为能共情，我们才会感到内疚，一个从未有过内疚感的反社会障碍者自然不会与他人产生共情。如果艾玛有正常孩子的内疚感和共情力，那么她在将麦洛推下悬崖时，就会因麦洛的死而难过和内疚，因为她的行为给麦洛和他的父母带来了伤害和痛苦。可艾玛没有，她反而为了掩盖这一罪行，开始接二连三地除掉怀疑自己的人。

反社会人格障碍者的共情认知很大程度上是完好的，也就是说他们能识别出他人的感受、情绪反应，也知道自己的行为会给他人带来什么感受。可他的共情情感却存在很大的问题，他无法从情绪、情感上感受，他的情感是匮乏的，没有羞耻感、内疚感和焦虑感等高级情感能力。再加上他总是以自我为中心，所以他会毫无顾忌地做出伤害他人的事情来。例如艾玛知道麦洛的死会让他的父母痛苦，可她不理解他们为什么会痛苦，她体会不到这种感受，她只知道自己想要麦洛的奖牌，麦洛那个胆小怯懦的人在她看来也不配得到奖牌。

共情认知能力完好恰恰是反社会人格障碍者的可怕之处，他可以借助这种能力伪装自己。当得知埃利斯老师车祸身亡的消息后，

第四章 错误的人际互动更易使人陷入压力中——共情障碍

艾玛明明是高兴的，因为她的阴谋成功了，她又成功消除了一个障碍，可她却不得不反复对着镜子练习，做出悲伤的表情。艾玛在杀死父亲后，为了躲避警察的调查，故意伪装得很害怕、无助，将自己从刽子手变成了无辜的人。事实上，艾玛根本不知恐惧是什么滋味。

当然，反社会障碍者并非全部像艾玛一样会做出违法行为，有的反社会障碍者在长大之后成功地适应了社会，隐藏在普通人当中。他们会伪装成一个有着正常情感的人，可他们却无法与他人产生共情。他们就好像"穿西装的蛇"，看起来和普通人一样，实际上十分冷血，他们情感冷漠、擅长撒谎、操控他人、为达目的不择手段，且丝毫没有愧疚感。

"穿西装的蛇"属于天生的情感冷漠症，他们的生理状况与正常人不同，天生皮肤温度低、心跳速度慢。这种天生的情感冷漠症虽然使他们缺乏共情力，却有一种流于表面的魅力，也就是在初次接触且不了解他们的前提下，这种人往往显得很有魅力，他们聪明、迷人、爱冒险、野心勃勃。但随着接触的深入，我们很快就会发现这种人不诚实、不负责任、缺乏关心他人的能力，因此这种人无法与他人建立长期稳定的亲密关系。

将他人视为物品

静静的男友王强是个事业成功、个性豪爽的人,两人曾是高中同学,后来又在同一所大学上学,自然而然地走在了一起。与王强的性格不同,静静是个慢性子的人,而且人也比较随和。随着交往的深入,静静渐渐发现了男友性格的缺陷,她发现男友过度自信、唯我独尊,对别人的意见很难听进去,尤其不能听到批评,否则就会生气甚至谩骂。

就在两人准备结婚的时候,王强的性格缺点暴露得更加明显,他开始对静静颐指气使。结婚前有许多事情需要准备,例如买房子、装修房子、发放请柬、订酒席等。在这些事情上,王强从来不会询问静静的意见,他只会自己一个人做决定,一旦他和静静的意见不合,静静就必须做出妥协,否则王强就会和静静发生争吵。

王强的注意力完全在自己身上,在他看来,静静的存在就是为他服务的。王强的眼中只有他自己,他根本不在意他人的想法和感受,对他来说,他人是可以随意利用的工具,即使这个人是他的妻子。王强之所以会这么想,是因为他属于典型的自恋型人格。

自恋分为健康的自恋和病态的自恋。人人都会自恋,因为我们需要依靠自恋而产生自我价值感,感受到自己值得被珍惜。但如果

第四章　错误的人际互动更易使人陷入压力中——共情障碍

自恋过头了，就会发展成自恋型人格，甚至是自恋型人格障碍，这属于病态的自恋。

病态自恋者过分地夸大自己，认为自己应该得到所有人的关注和称赞，而无法接受批评。这种以自我为中心的自恋心态导致病态自恋者无法对自身以外的他人产生共情，总认为自己最优秀，其他人都不如自己，而且还得拜服在自己脚下。病态自恋者总是表现得善变、冷酷无情，如果有人或事挑战了他的自恋，他就会发火，往往还会因为很小的事情发脾气，表现出强烈的攻击倾向。例如王强去餐馆吃饭，他会要求服务员马上给自己上菜，而不是按照点菜的客人的先后顺序来，因为他觉得自己应该享有特殊的待遇。

病态自恋者通常认为自己生来就比别人高一等，因此他们无法与他人建立一段良好、稳定的关系，对于他们来说，他人只是他们利用、剥削和寻求心理平衡的对象，不值得他们尊重。他们只会建立剥削型的人际关系，就算关心他人，也只是因为对方有用。在病态自恋者看来，他人是可以被当作物品使用的，只具有利用价值。

病态自恋者还经常夸大自我重要性，高估自己的能力、地位，夸大自己的成就，总给人一种自负、狂妄之感。在交流过程中，病态自恋者经常会不厌其烦、事无巨细地讨论和自己有关的事情，完全不在意他人的看法，也不会给对方讲话的机会，对他们来说交流只是一场自夸的独白，他们不想了解对方是否想要表达，当他人表达感受和需求时，他们也完全不会理会。

病态自恋者为了抬高自己，会肆意贬低他人，甚至攻击弱势群体,因为在他们看来,其他人根本不需要尊重。

对于病态自恋者来说,誓争第一是他们的人生信条。凡是有竞争,必定有他们的身影,而且他们一定要成为最强的一个。

病态自恋者还常常喜怒无常,经常能带动他人的情绪,经常会表现出愤怒、攻击性的一面,他们人格的情绪核心就是愤怒。

虽然病态自恋者的情绪十分充沛,随时都能表达出自己的愤怒、不满,但他们的情感却非常淡薄。这意味着病态自恋者无法与他人建立情感联结,无法体会深刻的情感,他们所能体会的只是浮于表面的情绪。

很多病态自恋者都有很高的人气,因为他们看起来十分迷人、有魅力、聪明。可他们无法与周围的人建立长久、稳定的关系,凡是和他们接触过的人都会觉得痛苦,因为他们只关心自己,无法与他人建立共情。在一段重要关系中,双向的互动十分关键,而双向的互动需要建立在共情的基础上。可对于病态自恋者来说,任何人际交往都是单向的,都必须以他为中心,其他人只需要为他们服务即可。

在人际交往中,我们必须遵守一些基本的道德准则,例如互助互爱,但病态自恋者却对这些准则嗤之以鼻。病态自恋者对他人的权利和情感都持漠视的态度,甚至会认为这些凡夫俗子就应该放弃自己的想法来迎合自己。病态自恋者内心深处有着根深蒂固的自我中心主义,由于缺乏共情,其他人的想法和感受被病态自恋者彻底忽视。他们不仅无法体会他人的想法和感受,甚至压根不知道他人

第四章　错误的人际互动更易使人陷入压力中——共情障碍

也有自己的想法，在他们看来只有自己的想法百分百正确。

在一项调查研究中，自恋的男性往往会在短时间内得到女性的青睐，他的自恋和魅力会俘获女性的芳心，让对方答应下次的约会。可当相处了一段时间后，这些女性就会主动远离自恋的男性，还很厌恶他们。

自恋在不同的人身上会有不同的表现。有一种自恋者被称为膨胀型自恋者，他们非常外向，一心想要成为众人瞩目的焦点，因此他们往往能获得很多机会，也更容易取得成功。还有一种自恋者比较常见，被称为沮丧型自恋者，与膨胀型自恋者相比，沮丧型自恋者更为隐蔽，难以被发现，他们给人一种自卑、怯懦之感，却自命不凡，对自我有着过高的评价，总希望别人来迎合自己。沮丧型自恋的隐蔽特性使得他们很容易和他人建立起良好的关系，但这种关系常常难以维持，因为对方很快就会发现他的自恋和以自我为中心。

过山车般的情绪

玛丽莲·梦露是著名的边缘型人格障碍患者。1926年，玛丽莲出生于洛杉矶，她成名后宣称从未见过生父，她也不知道生父是谁。事实上，在玛丽莲2岁时，她的父亲和母亲格拉迪斯离婚，之后父亲就带着两个姐姐离开了。

格拉迪斯的精神状况不佳，因此玛丽莲在出生12天后，就被母亲送到一个寄宿家庭，玛丽莲在这里生活了7年。最初，格拉迪斯会按时来看望玛丽莲，后来可能是生活压力太大，她看望玛丽莲的次数越来越少。玛丽莲十分渴望母亲能来看自己，当母亲无法按时看望她时，玛丽莲会十分伤心和失望。

7岁时，玛丽莲被母亲接回身边。格拉迪斯的精神状况依旧很差，有人说她患有妄想型精神分裂症，有人说她患有抑郁症。对于年幼的玛丽莲来说，母亲是一个喜怒无常的人，总是忽然暴怒，又忽然大笑起来。在玛丽莲9岁那年，格拉迪斯因挟持菜刀威胁他人被送入精神病院，玛丽莲便被交给格拉迪斯的朋友格蕾丝抚养。其实玛丽莲的外祖母本应该是最佳的抚养者人选，但她拒绝抚养玛丽莲。

不久之后，格蕾丝和一个名叫欧文的男人结婚了，玛丽莲就

第四章　错误的人际互动更易使人陷入压力中——共情障碍

被送到了洛杉矶孤儿院。孤儿院的生活很糟糕，玛丽莲和许多孤儿一样经常面临着饿肚子的痛苦。玛丽莲在成名后，访问一家孤儿院时，触景生情地想起了自己在孤儿院的这段时光，并向这家孤儿院捐出了一笔巨款，她说自己曾在孤儿院待过，知道饿肚子的滋味。

之后，玛丽莲在11个寄养家庭间辗转，从未感受过家庭的温暖。两年后，格蕾丝将玛丽莲接到自己身边。格蕾丝有一个好莱坞梦，喜欢将玛丽莲打扮得漂漂亮亮的，给她化妆、卷发，她还对玛丽莲说："你将来一定会很漂亮，会成为一个女明星。"但这种简单温馨的生活很快就结束了，因为玛丽莲遭到了格蕾丝丈夫欧文的性骚扰。

16岁时，玛丽莲嫁给了邻居家的儿子詹姆斯·多尔蒂。这是玛丽莲的第一段婚姻，丈夫比她大5岁。对于这段婚姻，玛丽莲是迷茫的。当时格蕾丝准备到另一个州去生活，不能带着玛丽莲，可玛丽莲又不想被送到孤儿院，她就只能结婚。婚后不久，詹姆斯就发现玛丽莲经常沮丧、焦虑和歇斯底里，这让他难以忍受。后来，詹姆斯作为一名海军士兵被派往海外，期间玛丽莲经常外出喝酒，还与几名男子纠缠在一起，很快她就和詹姆斯解除了婚约。

1951年，玛丽莲因为性感、美丽而名声大噪。之后的玛丽莲开始大红大紫，接连拍摄了许多电影，让许多男人为她神魂颠倒。风光无限的同时，玛丽莲的心理问题越来越严重，她无法在公开场合说话，在拍摄电影时会紧张得呕吐。玛丽莲希望自己能尽善尽美，得到所有人的喜爱，因此十分害怕在众人面前出丑，也无法接受别

共情力与同理心

人的负面评价。

1954年,玛丽莲开始了第二段婚姻,丈夫是著名球星乔·迪马吉奥,他们的婚姻在美国引起了轰动,可这段婚姻维持了一年不到就结束了。婚后不久,两人开始不停地争吵,迪马吉奥不希望玛丽莲继续在外抛头露面,甚至还对玛丽莲大打出手。

1956年,玛丽莲开始了第三段婚姻,这任丈夫是知名剧作家阿瑟·米勒,年长她20多岁。玛丽莲欣赏阿瑟的才华,阿瑟则喜欢玛丽莲的热情和性感。这段婚姻维持了5年,期间玛丽莲两次怀孕,都以流产告终,医生告诉她,她再也不可能怀孕。

玛丽莲的精神状况不仅没有因为婚姻而改善,相反还越来越糟糕,甚至不得不服用一些镇静剂之类的精神药物。玛丽莲和阿瑟之间经常发生争吵,在阿瑟看来,玛丽莲就是一个矛盾的女人,情绪变化让人无法捉摸,明明前一刻还在和人凶狠地争吵,下一刻就变得楚楚可怜起来。

自1955年起,玛丽莲开始频繁接受精神治疗,有时候一周要预约5次精神病医生。可玛丽莲糟糕的精神状态并未因治疗而得到缓解,她反而变得更加焦虑,难以入睡,不得不依赖安眠药之类的精神药物。

糟糕的精神状态严重影响了玛丽莲的生活和工作,她因为力不从心常常迟到,而且在拍摄时经常忘记台词,这使得她的许多份电影合同都被解除。同时,作为性感女神的玛丽莲由于年龄渐长,渐渐被更多年轻的女明星所取代。玛丽莲一边频繁出入精神病诊所,一边试图

第四章　错误的人际互动更易使人陷入压力中——共情障碍

自杀,在三次自杀未遂后,1962年8月5日,玛丽莲自杀身亡。

边缘型人格障碍者通常被憎恨、愤怒的情绪困扰,有自我毁灭的冲动和情绪波动。边缘型人格障碍的形成与其童年经历密切相关。每个人在婴儿时期,都需要与母亲或养育者建立最初的关系,然后在与母亲的互动中发展出自我的概念。正常儿童发展出的自我中包含优点和缺点,他们也会明白父母也有优点和缺点,即自我的统一性。但如果儿童与母亲的互动出现问题,母亲太过冷漠(导致儿童害怕被抛弃)或母亲控制欲太强(导致儿童害怕被吞没),儿童自我的统一性就会停留在解离状态中,自我无法统一,于是边缘型人格障碍就会出现。边缘型人格障碍者由于无法明白人有缺点也有优点,在人际交往中很容易陷入非黑即白的极端中,认为对方要么十全十美,要么十恶不赦。

当一个人无法完成自我的统一,他就无法对自己有一个完整的认识,无法自我认同。在处理人际关系时,他不能理解对方有好的一面也有坏的一面,因此他对对方的看法会反复出现变化,给人一种情绪不可捉摸之感。例如玛丽莲的丈夫阿瑟之所以会觉得她是个矛盾体,是因为玛丽莲在不发脾气时,会崇拜阿瑟,对阿瑟十分温柔,将他视为完美的人,可一旦玛丽莲觉得焦虑、痛苦,她就会对阿瑟大发脾气,阿瑟就会被她视为一个十恶不赦的人。

玛丽莲从小在一个缺乏关爱的环境中长大,她渴望获得母爱、父爱,却遭到了拒绝,她从未见过自己的父亲,在和母亲生活时也从未感受过母爱。她自己曾说过:"我不相信母亲真的想要我。母

共情力与同理心

亲说如果我出生的时候就死了，日子会变得好过很多。虽然母亲早就离开了我，但悲伤却一直伴随着我。"因此玛丽莲对父母充满了憎恨，这种憎恨延伸到了她的各种人际关系中，她总是容易对他人感到失望，总觉得对方不够关心她、爱她，因此随着关系的深入，玛丽莲会向对方大肆发泄自己的憎恨。

边缘型人格障碍者的共情力虽然存在，但已经被这满腔的愤怒给扭曲了，他们总觉得对方与自己作对，无法正确理解对方的行为和情绪表达。他们自认为自己了解对方的想法和感受，可事实上这种所谓的了解只是一种扭曲的认识。他们无法与一个人建立真正的共情，也无法维持一段长久稳定的亲密关系，他们总觉得对方不够关心自己，即使对方表示了对自己的关心，他们也会觉得不是出自真心实意。

由于童年时期的亲密匮乏，玛丽莲和所有的边缘型人格障碍者一样无法忍受独处，还总是被一种空虚感吞没。在玛丽莲看来，独处意味着被人抛弃，这是一种难以忍受的痛苦，为了摆脱这种痛苦，玛丽莲会主动与人结交。为了不被虚无感吞没，她做出了许多冲动行为，流连于酒吧、酗酒、和许多陌生男人保持性关系、自杀等。可玛丽莲无法与一个人亲密地相处，她无法享受亲密关系。这个问题出在她自己身上，她要么觉得对方疏远自己，想要努力地控制住对方，将对方牢牢抓住；要么因为对方的接近而感到窒息，想要将对方推得远远的。她找不到一个合适的相处距离，总是处于极端状态中。

边缘型人格障碍者有着强烈的依恋需求，他们害怕自己被抛

第四章　错误的人际互动更易使人陷入压力中——共情障碍

弃，内心充满了痛苦和孤独，还有对他人、对自己的憎恨。他们的情绪无法稳定下来，就如同过山车般，快乐时显得亲近、有魅力，但转瞬间就会变得痛苦，他们会对人大发脾气，故意找碴，觉得对方不够关心自己，可能在短短几分钟间里，他们就会把对方从完人贬低成恶人。

接受人与人之间的差异性

在电影《雨人》中，查理·巴比特是个精明能干的进口汽车经销商，他在事业上遇到了困难，急需一笔钱来周转，否则就可能破产。这时，查理得知了父亲逝世的消息，这是一个让查理又惊又喜的消息。查理2岁时母亲过世，此后他和父亲相依为命，但他与父亲的关系很糟糕，他十分讨厌严厉的父亲。在16岁那年，查理因偷开父亲珍爱的别克牌白色轿车而与父亲决裂。当时查理只是想开车向同学炫耀一番，谁知父亲却以失窃报警，让查理被拘留了两天。血气方刚的查理非常不理解父亲，就在一气之下离家出走了，再也没有和父亲联系过。

查理赶来参加父亲的葬礼，想要从父亲那儿得到一笔遗产，以解燃眉之急。但父亲只给查理留下了那辆令父子反目的汽车和一丛获奖的嫁接玫瑰，父亲将300万美元的遗产都留给了一个名叫雷蒙的陌生人，这个人是查理的哥哥，是一名自闭症患者，就居住在沃尔布鲁克疗养院，院长布鲁诺是遗产托管人，同时也是查理父亲的好友。

被剥夺继承权的查理愤懑难平，他来到沃尔布鲁克疗养院，找到布鲁诺，想要平分这300万美元的遗产。讽刺的是，布鲁诺告诉

第四章　错误的人际互动更易使人陷入压力中——共情障碍

查理，雷蒙对金钱没有概念。而且查理还发现，雷蒙认得自己开来的那辆白色别克轿车，还说父亲每周六都会让他在无人的地方试开这辆车。这让查理更加觉得父亲偏心，当初他只是偷开了一下这辆车，就被父亲送到警察局拘留，父亲却让雷蒙每周六都开这辆他十分珍爱的汽车，还把巨额的遗产留给了雷蒙。查理决定争取雷蒙的监护权，这样他就可以获得那笔遗产，于是他私自带走了雷蒙。

很快，查理就发现自己带着的不是一个正常人，而是一个大麻烦。他无法与雷蒙交流，因为大多数时候雷蒙都沉浸在自己的世界中，自言自语或不断地重复电视剧中的片段，每次查理试图和雷蒙沟通时都会崩溃。而且查理发现雷蒙会重复做一些毫无意义的行为，坚持遵守固定的生活习惯，否则他就会崩溃、发狂，例如雷蒙会在固定的时间看固定的电视节目，每次吃饭都必须按照固定的食谱，睡觉时的床位也是固定的，这让查理难以招架。雷蒙沉浸在以自我为中心的世界中，他没有世俗的欲望，只想要在一个稳定的环境中保持一成不变的生活，一旦他的生活规律被打乱，他就会立刻变得烦躁不安、精神错乱。

后来查理发现雷蒙有着超乎常人的计算能力和记忆力。雷蒙可以清楚地说出飞行史上所有重大空难发生的航班班次、时间、地点、原因。只要是雷蒙看过的电话簿，他就可以轻易地说出电话簿上的每一个电话号码。雷蒙的计算能力也很让查理吃惊，查理甚至认为雷蒙应该成为一名数学家，例如雷蒙可以清楚且迅速地数出掉落在餐厅地板上的246根牙签。

共情力与同理心

当时查理面临着严重的经济危机，他急需一笔钱来还清贷款，否则他的汽车公司将会倒闭，信用卡也将被冻结。查理决定带着雷蒙去拉斯维加斯这个著名的"赌城"，他用身上所剩不多的现金，为自己和雷蒙置办了一身行头。来到赌城后，雷蒙用自己的记忆力和计算能力帮查理赢得了 86000 美元。

查理用这笔钱还清了贷款，摆脱债务后的查理心情很好，就遵守承诺让雷蒙在跑道上开车，还教他跳舞。查理对待雷蒙的态度也发生了转变，他从感情上接纳了雷蒙，真心实意地想和雷蒙生活在一起，同时查理也原谅了父亲，他认识到自己不应该多年来不曾给父亲写过一封信，这极大地伤害了父亲。遗憾的是，雷蒙最终还是被送回了疗养院，查理没有得到雷蒙的监护权，其实对于雷蒙来说，疗养院才是最适合他生活的地方。

自闭症又被称为孤独症，主要表现为语言障碍、人际交往障碍、兴趣狭窄和行为方式刻板，在婴幼儿时期就已有表现，以男性居多。自闭症患者无法与人正常交往，因为他的共情力存在障碍，这使得他无法展开社交。自闭症患者无法将一个人视为人，而会将对方当成一件物品，他们分不清楚人和物品的区别，即使能分清楚，也对对方毫不关心。

在正常的亲子互动中，父母会在意孩子的感受，孩子也会在意父母的感受，彼此之间存在共情，例如孩子会希望父母下班后能和自己玩游戏，父母察觉到孩子的渴望后，就会满足孩子的愿望。可很快孩子就会发现父母累了，想要休息，他会主动提出结束游戏，

第四章　错误的人际互动更易使人陷入压力中——共情障碍

不再打扰父母,也就是说孩子能感受到父母的需求,这是共情力在起作用。可是自闭症的孩子根本无法体会父母的感受,他们只会在意自己的需求是否得到满足,完全不在意父母的想法。

如果说精神病态者的共情认知部分保持完好,只是共情的情感部分出现了缺陷,那么自闭症患者不论是认知还是情感都出现了缺陷。既然如此,这是不是就意味着自闭症患者比精神病态者要危险得多,会给周围的人带来危险?事实上,绝大多数自闭症患者并不会对他人施以暴行,因为他们的行为方式刻板这一特点,会促使他们严格遵守规则,他们无法用共情力建立内在的道德准则,却可以依靠遵守规则来建立自己的道德体系。对于自闭症患者来说,他们有十分强烈的遵守规则的冲动,例如雷蒙的生活习惯不容更改,在他看来什么时间段该看什么电视节目就是规则,必须严格遵守。

在电影《雨人》中,存在共情缺陷障碍的人除了雷蒙这个自闭症患者外,还有一个人,那就是查理。查理是个正常人,他有共情力,但他却陷入以自我为中心的闭塞世界中无法自拔,这导致查理无法跳出自己的视角去体会父亲、雷蒙的感受和思维方式。因为共情无能,查理离家出走,直到父亲去世才回去参加葬礼,他参加葬礼的目的也很功利,他只是想得到父亲的遗产,以缓解自己糟糕的经济状况。

共情无能影响着查理的所有亲密关系,他不仅与父亲关系糟糕,也因与女友苏珊娜沟通不畅,而使苏珊娜远离他。苏珊娜是查理的女友,可她却从未得到过查理的尊重。查理无论做什么决定都

共情力与同理心

不会和苏珊娜商量,他在决定参加父亲的葬礼时,只是沉默地开车带苏珊娜到达目的地,苏珊娜受不了这种沉默,想要和查理沟通,查理却不开口,此时的查理满脑子都在想着父亲的葬礼以及那笔遗产。到了目的地后,查理下车准备去父亲的葬礼,却将苏珊娜留在车里,他让苏珊娜等他,却从未在意过苏珊娜的感受。

在一段亲密关系中,双方对等的交流十分重要,可查理只会对苏珊娜发号施令,只要查理决定做什么,苏珊娜就必须得跟着,她也试图和查理沟通,想要告诉查理,将雷蒙从疗养院私自带走并不是最好的选择,可查理根本不听。查理无法跳出自己的视角,他坚持认为自己应该得到一半的遗产。

共情力有助于我们与他人建立健康的关系,并进行良好的互动,这意味着我们要跳出自我的视角,进入他人的内心世界去体会对方的感受、情绪。可当一个人过度追求金钱、权利和声望,将某件事或某人的重要性进行夸大,认为那才是自己生命中最重要的人或事时,他就很容易陷入共情无能之中。在查理看来,他人生中最重要的事情是得到父亲的遗产,他只在意这一件事,所以他会憎恨父亲的偏心,而不会考虑自己多年来离家出走给父亲带来的伤害。查理也不打算将自己的童年遭遇和内心感受告诉女友苏珊娜,他只想尽快解决此事,所以他对待苏珊娜的态度就是下达命令,不问苏珊娜的想法就替对方做了决定,当苏珊娜提出异议时,他也不假思索地予以否决。

后来,查理意外得知雷蒙就是童年里在自己伤心难过时为自

第四章　错误的人际互动更易使人陷入压力中——共情障碍

己吟唱的"雨人",他一直以为雨人是自己幻想出来的,没想到却是他的哥哥。查理在情感上接受雷蒙的同时,他的共情力也被唤醒了。当查理在浴室放热水时,雷蒙出现了过激反应,他害怕热水会烫到宝宝。查理知道"宝宝"就是指自己小时候,此时的查理才知道,雷蒙会被送到疗养院,就是因为父母担心雷蒙会不小心伤害到他。一时间,查理放下了对父亲的憎恨。当苏珊娜再次找到查理时,查理主动和苏珊娜沟通,把自己的童年遭遇告诉她,将自己不曾开口说出的内心感受全都告诉了她,他向她敞开了心扉,两人的关系也得到了进一步的发展。

一个人在获得了财富或权利上的成功时,往往很容易陷入虚荣和自负之中,认为自己能够完全独立、自给自足,不再需要依靠他人,也不必与他人建立联结。渐渐地,他的共情力就会消失,对他人感受的感知力也会逐渐消退。

而共情力意味着包容,是我们对人与人差异性的接受力,也是心理健康的重要组成部分。有了共情力,我们才能更多地理解他人的处境,接受对方的行为方式和行事动机,才能做到尊重他人,而这有利于我们化解人际交往的冲突,降低分歧、冲突给人际交往带来的破坏性。一个共情无能的人,将会成为一个以自我为中心的人,他会在处理人际关系时被各种分歧和冲突困扰,同时也会给自己的心理健康带来危害。

警惕共情力被恶意利用

2013年7月24日,黑龙江省某县城内发生了一起少女失踪案,失踪者是县人民医院的17岁实习护士小芳(化名)。据小芳的同学小梅(化名)提供的线索,在小芳失踪的当天下午3点15分,她给小梅发了一条微信,说自己要送一名孕妇阿姨回家,已经到她家门口了。警方调取的监控录像显示,小芳在林业大院附近遇到了一名摔倒在地的孕妇,她上前搀扶孕妇,并和孕妇交谈了一会儿,小芳将孕妇送进林业大院一单元后就再也没有出来。

在当天晚上6点左右,监控录像中再次出现了这名孕妇的身影,和她在一起的还有一名男子,两人合力拖拽着一个旅行皮箱,并吃力地将旅行皮箱放在一辆红色汽车上,随后两人开着车消失在监控探头范围外。

监控画面中的孕妇名叫王静(化名),男子是她的丈夫,名叫李刚(化名),他们显然有重大犯罪嫌疑。警方赶去抓捕时,家中只有王静在,她看到警察后立刻招认了犯罪事实。她告诉警方,在案发的当天,她在看到小芳后故意在路边摔倒,等小芳将她扶起后,她谎称自己身体不舒服,希望小芳能送她回家。在将小芳诱骗至家中后,她用掺着安眠药的酸奶迷倒小芳。就在李刚准备对小芳

第四章　错误的人际互动更易使人陷入压力中——共情障碍

实施奸淫时，发现小芳来例假了。王静劝李刚将小芳放走。但李刚说，事情已经到了这个地步，就不能让小芳活着出去，否则他们就会有麻烦，于是李刚用枕头将小芳捂死了。事后，两人合力将小芳的尸体丢弃在荒郊野外。

根据据王静的口供以及监控画面，警方确定犯罪嫌疑人李刚就躲在附近的王家村。7月28日凌晨3点，熟睡中的李刚被警方逮捕。在随后的两个小时的审讯中，李刚对犯罪事实供认不讳，却一直不肯交代埋尸地点。经过警方的努力，李刚最终交代了埋尸地点，警方在桦南县王家村附近的荒地里找到了小芳的尸体。

这起诱骗少女奸杀案在当地传播得十分迅速，很快就尽人皆知，据当地居民反映，该县从来没有发生过如此离奇、荒唐、令人匪夷所思的事情。而林业大院的居民对李刚并不了解，只知道他在这里租了一间房子，是当地农村人。物业人员告诉警方，他只是在收费的时候和李刚打过招呼，觉得李刚看起来文质彬彬，像个有文化的人，根本不像能干出强奸杀人这样恶事的人。

当地居民在提起这起案件时，讨论最多的还是两名嫌疑人的犯罪动机，他们想不通这两人为什么要这么做，尤其是王静，她一个孕妇为什么会忍心将一个帮她的女孩子骗回家供丈夫奸淫。有人在接受记者采访时对王静的犯罪动机进行了猜测："大家都说那个孕妇和其他男人偷情时，被丈夫抓了个现行，两人虽然没离婚，但却总因为这个事情吵架，后来孕妇就想出了给丈夫找个处女补偿的办法来缓和夫妻关系。"对于这种说辞，知情者予以了否认。

共情力与同理心

据知情者透露:"王静自从怀孕后,就无法与丈夫行房,于是开始琢磨着给丈夫找个女人,代替自己与丈夫过夫妻生活。王静早就有了这种想法,只是一直没有机会实施。在案发的当天,王静去医院做产检,她从医院出来时正好碰到小芳,于是她故意摔倒,小芳看到后立刻将她扶起来,王静觉得小芳很好骗,就装不舒服,并提出让小芳送她回家,小芳看到是个孕妇想都没想就答应了。"

让小芳父母和好友痛心的是,小芳本是一番好意,却给自己引来了杀身之祸,她的父母在面对采访时忍不住哭诉道:"她才17岁,还有一个月就是她18岁的生日。她是在帮助他们,他们怎么下得去手?!到现在我都无法相信,这到底是怎么了?他们到底怎么想的要杀害她?"

共情力是一种能站在他人立场上,理解他人感受的能力。提到共情力,我们常常会联想到积极的一面,觉得共情力是一种建设性的力量,能让人们更加紧密地联系在一起,也会使我们的社会变得更加和谐,毕竟人类群体想要在这个残酷的世界上生存下去,需要人与人之间的相互理解。但共情力也可能会被恶意利用,王静能成功将小芳诱骗至家中,就是恶意利用了共情力。

在人际关系以及个人幸福感上,共情力的确存在积极的一面,这也是人们所需要的。很多情况下,我们都希望自己被理解,希望能与某个人或某个团体产生共情,但同时我们也要警惕有目的的共情。真正的共情基于尊重和关心,这时共情就会起到积极的作用。而有目的性的共情,不会将他人的感受和想法作为首要考虑,共情

第四章 错误的人际互动更易使人陷入压力中——共情障碍

力对他们来说只是达到目的的手段，他们对共情力的使用具有目的性，是为了个人利益或获得个人满足。

当然，并不是所有的目的性共情都是恶意的，其中还有一些是出于善意的，例如一个人遇到了困难，他希望得到对方的帮助，这个时候他为了说服对方帮助自己，就必须得调动起共情力，让对方感受到自己的困境、情绪，让对方站在自己的角度去理解，这样一来就能刺激对方对自己产生共情，从而获得帮助。更具体一些，一个人的孩子生病住院了，需要很多钱来做手术，他已经将所有的积蓄都用完了，为了继续给孩子治病，只能向他人求助，希望他人能帮助自己渡过这道难关。这时，他需要做的就是刺激陌生人对自己产生共情，让陌生人对自己的遭遇感同身受，只有这样对方才可能对他这样一个陌生人慷慨解囊。

可当共情力被像王静这样的恶人利用时，共情就会变成一件坏事。在这起案件中，王静作为一名孕妇，在人们的眼中就是需要帮助的弱势群体，因此当她故意摔倒在小芳面前时，小芳不假思索地将她扶起，这几乎是每个人都会去做的事情。当小芳扶起王静，发现她很不舒服时，小芳就更加容易与王静产生共情。所以当王静提出送自己回家的要求时，小芳立刻答应了，她当时没有觉察到一丝危险，她只是觉得做了一件力所能及的好事，殊不知自己已经掉入了王静设计的死亡陷阱中，而死亡陷阱的诱饵就是共情力。

许多诈骗犯也都十分擅长使用共情力，例如常见的保健品骗局。尽管保健品骗局早已被揭露，却还是有许多老人一次次地上

共情力与同理心

当，因为购买天价保健品而花光退休金，甚至是所有积蓄。对于老人来说，身体健康是他们的头等大事，这也是他们热衷于购买保健品的原因所在。除此之外，还有销售套路太深的原因，商家十分擅长使用共情力来骗取老人的信任，常见的就是"亲情招"。

在保健品的促销活动中，销售人员会表现得特别周到、热情，甚至会像子女一样去孝顺老人，长时间地和老人聊天。他们还会为老人提供体贴的服务，上楼梯时小心搀扶，一进门就笑脸相迎、嘘寒问暖、端茶倒水，甚至还会给老人按摩。

时间长了，老人就会觉得销售人员特别理解自己，和销售人员在一起特别舒心，觉得他们比远在外地工作的子女还要亲。每当老人有心事时，第一时间就会去找销售人员倾诉。这样一来，当销售人员向老人推销保健品时，老人不仅不会拒绝，还会积极参与、积极宣传，购买保健品时丝毫不会手软。

当老人陷入商家精心设计的共情陷阱后，就很难听得进去劝告了，面对家人的反对与劝说，老人会觉得他们不理解自己，还会主动帮销售人员遮掩。共情力所建立起来的信任与理解通常是相互的，老人既然觉得自己被理解了，自然也会试着去理解销售人员，因此他们不会将销售人员看成骗钱的人，反而觉得销售人员热情周到、工作勤奋、压力大、生活得很不容易，在这种心理的影响下，许多老人甚至会主动帮销售人员拉客户。

总之，我们应该警惕共情力被恶意利用，应该意识到共情力并不是道德能力，更不是善良、美德，更准确地说，共情力是一种

第四章 错误的人际互动更易使人陷入压力中——共情障碍

工具。我们可以利用这个工具去做好事，让自己和周围的人生活得更幸福，但我们也要警惕一些别有用心的人用共情力去做坏事。也就是说，共情力是好还是坏，完全取决于使用这个工具的人。对于那些热心帮助他人的人，共情力就是美德，能给人们带来快乐、幸福。但对于像王静和诈骗犯这样的人来说，共情力就是一件邪恶的工具。我们不要轻易被共情力所迷惑，应该保护好自己。当发现一个人的共情行为是为了自我利益，且他的自我利益会给我们带来伤害时，一定要远离他，否则你的善良就会成为伤害自己的利器。

当共情力遭遇偏见

电视剧《我们与恶的距离》的真人真事改编而来。品味新闻台编辑主管宋乔安有一个幸福的家庭,她的丈夫刘昭国是网络先驱报的创办人,两人十分恩爱,还育有一双活泼可爱的儿女。但这一切都被一个名叫李晓明的精神病人打破,他拿着一把枪杀死了宋乔安的儿子。从那以后,宋乔安一直生活在儿子被害的阴影中,无法走出,她将所有的时间和精力都放在了工作上,企图用工作麻醉自己。

宋乔安的性格原本就很暴躁易怒,自从儿子被害后,她越来越无法控制自己的情绪,总忍不住对周围的人发火,这导致她和丈夫的关系越来越紧张,两人甚至准备离婚,而女儿也不再与她亲近。宋乔安只要看到女儿就会想起死去的儿子,甚至会对女儿说出"你还不如和哥哥一起死了"这样的话。下属们也对宋乔安敬而远之,看到她都躲着走,因为一旦犯错,就会被宋乔安一顿痛骂。在夜深人静,大家都酣然入睡时,宋乔安却被失眠和梦魇折磨,只能依靠酗酒才能勉强入睡。宋乔安作为被害者的母亲,她的人生已经被李晓明这个罪犯弄得一团糟,人们都十分同情她的遭遇。

那么,罪犯李晓明的家庭呢?他的父母和妹妹李晓文的日子也因为他而过得十分艰难。李晓明的父母变卖了所有的家产用来赔

第四章 错误的人际互动更易使人陷入压力中——共情障碍

偿,他们还因为李晓明的犯罪而成了过街老鼠,被所有人看不起,贴着加害者家属的标签而无法抬起头。最终,他们因无法承受别人异样的眼光而搬离了老家,到外地也会戴着口罩,将自己捂得严严实实的,生怕被人认出。李晓文本应该有个不错的前途,却因为哥哥犯罪而不得不改名,隐藏身份去工作和生活。他们一边痛恨着李晓明,一边思念着他,想要和他见一面,想要亲口问问他,为什么要在电影院开枪杀人。

李晓明的父母为了赎罪,当着媒体向被害者家属下跪道歉,但媒体和公众根本不愿放过他们,认为他们犯下了滔天大罪,是他们培养出了一个杀人犯,可如同李晓明母亲说的那样:"没有一对父母愿意花二十多年的精力和时间去培养一个杀人犯。"可媒体和公众还是不愿放过他们,他们只能逃离家乡,到外地谋生。

李晓明的辩护律师王赦也受到了社会的攻击,他在第一次出庭时就被人泼粪,在所有人看来,李晓明这样的杀人犯罪无可赦,应该立刻被处死,王赦根本不应该去为李晓明进行辩护。可在王赦看来,他是一名刑事犯罪辩护律师,应该为李晓明这个精神病犯人争取属于他的人权,就算李晓明真的罪无可赦,那他也应该受到司法程序的合理保障。王赦这么做还有一个重要动机,他想寻找李晓明的犯罪动机和原因,他认为只有这样,才能避免类似案件再次发生。

家人和妻子也不理解王赦,他们觉得王赦完全没必要为了一个精神病杀人犯将自己的生活弄得一团糟。后来,王赦终于得到了妻子的支持,他的妻子认为丈夫是个善良、正直的人,这是王赦最吸

共情力与同理心

引她的地方,所以即使受到了恐吓她也没有退缩。被害者家属也十分恼怒王赦的行为,觉得他是在故意揭伤疤。就连加害者家属也不理解王赦,觉得他是在节外生枝。

共情力会使人获得许多美德,例如会使人变得更无私、善良,更愿意为他人提供帮助。在电视剧《我们与恶的距离》中,宋乔安的姐妹宋乔平是一名社工,她一直在利用自己的共情力去帮助别人,且能轻易与他人建立共情关系,安抚对方失控的情绪。在李晓文因哥哥而遭到人们的排挤时,一个名叫应思悦的女孩儿给了她许多安慰,应思悦十分理解李晓文的处境和心理,主动关心、照顾李晓文,还告诉李晓文,哥哥犯下的错误与她无关,她不必为此自责。

同时,共情还是一种美好的感受,甚至可以说共情是快乐的源泉,我们会因为共情而得到许多乐趣。例如我们在观看电影时,一定得调动起自己的共情力,使自己与电影中的人物产生共情,否则我们就会失去观看电影的乐趣。此外,共情在亲密关系上还起着十分关键的作用,如果双方没有产生共情,那么再亲密的关系也不会使人感到幸福。

但共情力除了会使人变得善良和无私外,还会给人带来偏见、无知和困惑,一旦共情力遭遇了偏见,将会产生严重的后果,它会变成干扰我们视听、混淆我们判断的障碍,甚至会促使我们做出残忍的行为。在电视剧《我们与恶的距离》中,作为观众的我们可以完全跳出整个事件,以上帝般理性的视角去看待李晓明杀人案件。可剧中的大众和媒体却不会带着理性去看待该案

第四章　错误的人际互动更易使人陷入压力中——共情障碍

件，他们往往也是现实中的我们的化身。很显然，李晓明的家人和辩护律师都是无辜的，但他们却承担了大众的大部分恶意，好像他们和李晓明合伙杀死了一个人，好像他们应该和李晓明一样去死。

人们会出现这样的言行，是因为共情使他们失去了冷静的判断力，他们对被害者家属产生了共情，他们十分理解被害者家属的心理和处境，毕竟谁都不愿意自己的孩子因为出现在电影院而被一个突然窜出来的精神病人杀死。正是因为太过理解被害者家属的痛苦，大众才会像被害者家属一样那么痛恨李晓明，甚至连李晓明的家属和辩护律师也不愿放过。他们对被害者家属所产生的共情使他们产生了偏见，这种偏见使他们自动忽视了李晓明家属和辩护律师的无辜和痛苦。

在与他人建立共情时，我们很容易被偏见局限。例如，我们通常会和与自己相似或自己喜欢的人建立共情，而不会与自己讨厌或害怕的人产生共情。一个人如果在异国他乡，就更容易对一个和自己来自相同国家的人放下警惕，也更容易与他产生共情。大多数人都会觉得自己是个普通的、善良的人，因此大众在听闻李晓明杀人案件后，才会轻易地倒向被害者家属，觉得李晓明是个杀人魔，他的家人也是恶人，令人感到害怕和讨厌。

在司法体制中，共情力的影响非常大，甚至会影响到判决的结果。一个罪犯到底应该接受怎样的刑罚，对这个问题的分析一旦掺入了共情力，判断就会出现失误，不再具有理性，而变成一种偏

共情力与同理心

见。对于宋乔安来说，李晓明杀死了她的儿子，她十分痛苦，如果李晓明的辩护律师、法官与她产生了共情，站在宋乔安的角度去看待和审理该案件，那么李晓明会立刻被处死，王赦也不会去努力寻找李晓明的犯罪原因和动机，也不会有人知道李晓明到底为什么会杀死一个无辜的人。一旦我们对被害者家属产生了共情，共情力就容易变成偏见，偏见所带来的愤怒和憎恨情绪会使我们失去理智，做出可怕的事情来。

但令人遗憾的是，偏见和刻板印象却在我们的生活中十分常见，大多数人身上都存在这种思维习惯。我们在对一个人了解很少，甚至可能在完全不了解的情况下，就会因为假定和偏见而轻易地做出判断，而这恰恰是阻碍同理心产生的障碍之一。

在人际交往中，人是一种比较懒惰的动物，尤其是在判断一个人的时候，我们会更加懒惰。因此我们会带着偏见、刻板印象看待一个陌生人，会根据第一印象迅速地做出判断，然后给对方贴上一个标签。标签贴到了对方身上，就意味着这个人在你的心中已经定性，几乎没有改变的可能。标签常常具有很大的迷惑性，你会认为自己了解对方，但这种了解只是从自己的角度出发，并非真正了解，更无法做到站在对方的角度了解他。

而且标签效应常常伴随着晕轮效应，在暗示的作用下，你会从标签的这一个特点，扩大到这个人的所有特点，认为他就是这样一个人，将对方定性，不会想要了解对方到底是一个怎样的人，有什么样的个人故事。

第四章　错误的人际互动更易使人陷入压力中——共情障碍

给对方贴上一个标签，的确能够节省自己的时间和精力，却容易使我们对他人做出错误的判断。错误的判断会成为我们了解对方的阻碍，可我们不会将错误的判断视为阻碍，反而会认为这是自己的直觉，而我们对自己的直觉往往会莫名地盲目相信。事实上，在人际交往中我们非常擅长迅速地对一个人做出判断。通常只需要两分钟，我们就能判断出这个人具有某个特性，然后相信自己的直觉判断。这个直觉判断与社会文化的影响密切相关。

除了社会文化的影响外，我们还会根据一些生活经验对别人产生偏见和刻板印象，这种根据经验所产生的直觉判断往往更难解除。例如一个人在租房时被中介欺骗过，损失了一笔钱，当再次遇到一个房屋中介的工作人员时，他就会下意识觉得对方不是好人，是个骗子。他会因为偏见和刻板印象而对对方产生误解和敌意，而非同理心。

在一系列的复杂刻板印象和心理偏见的影响下，我们的同理心能力会被削弱，我们理解对方的能力也随之降低。因此我们如果想要变成一个同理心者，就必须对偏见和刻板印象警惕起来。

第五章 让我们彼此相连——同理心

根植于人性之中

美国心理学家、新行为主义的主要代表人物斯金纳，在对白鼠、鸽子等动物进行了精密的实验研究后，提出了操作性条件反射原理。他设计和发明的"程序教学"和"教学机器"在20世纪60年代的美国风靡一时，且对西方教育界产生了深刻的影响。直到如今，斯金纳的思想在心理学研究、教育和行为矫正治疗中仍然被广泛应用。

在研究心理学前，斯金纳的人生目标是进行文学创作，他在大学期间就创作过许多诗歌、小说，且经常在汉密尔顿学院的学报上发表文章，有几部小说还得到了文学大师罗伯特·福斯特的肯定和称赞。在从汉密尔顿学院毕业后，斯金纳向父母保证，在接下来的一年中完成一部伟大小说的创作。

整整一年内，斯金纳没有创作出任何作品，他每天靠着阅读、整理、弹琴和制作模型来打发时间，在一年之约快要到头时，斯金纳向父母认错，他承认自己不适合文学创作，所以决定放弃写作。对于斯金纳来说，这一年是他人生的转折点，他决定去研究科学，科学才是20世纪的艺术，斯金纳所选择的科学就是心理学。这一年的蹉跎时光在斯金纳的自传中被称为"黑暗之年"，令他不堪回首。

斯金纳在研读了行为主义心理学的创始人约翰·华生所著的

第五章 让我们彼此相连——同理心

《行为主义》后,立刻决定投身于行为主义心理学的研究。行为主义是心理学派的一支,主要研究人的行为,并认为人的行为相较于意识、情绪等内心活动是唯一能够观察和量化的,通过行为才能够科学研究人类的心理。在行为主义流派看来,人类的行为是对环境的反应。斯金纳认为自己文学创作的失败正好可以用行为主义的观点来解释,是因为文学本身的错误,是当时的环境不适合创作,而不是他自身的问题。

更重要的是,行为主义让斯金纳相信心理学是一门科学,如果他能掌握这门科学,就可以解释和预测人们的生活,未来就可以有效地控制人们的行为。在斯金纳后来提出的理论中,控制和自由两个词语频繁出现,他用自己的理论创作的小说《沃尔登第二》主要围绕着行为操控的观点展开,他认为行为操控的观点可以运用到社会管理中,进而创造出一个乌托邦社会。

"沃尔登第二"是一个由千户人家组成的理想化社会,在这个社会中,私有制的家庭已经消失,所有的居民都居住在联合公寓中,父母不必花费时间和精力去照顾孩子。所有孩子从出生起就被安置到托儿所,有人专门照顾他们。当孩子有照顾自己的能力后,就被送到集体宿舍居住,一直到13岁左右可以搬到他们自己的公寓。

在人类社会中,家庭是最基本的社会生活单位,也是人类社会赖以维系的基础。家庭所具有的经济功能和心理功能不可取代,家庭成员之间可以进行互惠互利的经济合作,保持着亲密关系,而亲密关系有利于一个人的心理健康。也就是说,家庭是人类根据自己的天性所需发展出的社会生活单位。可在斯金纳所虚构的"沃尔登第二"中,家庭不再存在,他认为社会规则可以取代家庭的存在。

在"沃尔登第二"中,所有人都需要到公社餐厅用餐,他们居住的公寓没有任何炊具设备,公社餐厅会为所有人提供健康的饮食,每个人都不用再为做饭烦恼,不用在做饭上浪费时间,也不用承担抚养孩子的负担。

斯金纳在"沃尔登第二"这个乌托邦中取消了金钱,每个人的劳动不再用金钱衡量,但每个人却必须得完成一千二百个工分,工分听起来虽多,但工作量却只会花费每个人每天四个小时。当然不同的工作的工分也不一样,令人愉快的工作的工分就没有令人讨厌的工作的工分多。

由于每个人都能在"沃尔登第二"中获得幸福美满的生活,所以斯金纳认为公社中不会存在监狱、精神病院,也没有失业、战争和犯罪。

"沃尔登第二"中的所有女性会从做家务、带孩子的负担中解放出来,可以像男人一样参加工作,充分发掘自己的潜能。生活在这个乌托邦中的所有人,不必和他人建立联系,也不需要和他人互惠互利,只需要感谢社会制度即可,他们在这里工作效率更高,生活也更幸福。至于适婚年龄的问题,斯金纳建议每个青年在十六七岁的时候就结婚生育。所有夫妻的结合都是他们自愿的,斯金纳认为这样的婚姻关系更容易使夫妻双方白头偕老。每对夫妻也不用为金钱、家务和孩子烦恼。每个成员的一切基本需求,例如食物、闲

第五章 让我们彼此相连——同理心

暇活动、衣服、医疗服务、教育、老年及健康保险等全部由公社提供，斯金纳认为这样人们才有时间和精力投身于艺术、科学研究，才能在好奇心的指引下实现自我价值。

在斯金纳看来，一般人不具备正确抚养儿童的知识和设备，应该将抚育孩子的工作都交给专家，进行统一抚养。这里不存在所谓的正规教育，每个人都能得到个别化教育，按照自身的潜能发展自己。老师也不再是知识的灌输者，他们化身为指导者，指导每个学生发挥自身潜能。公社中不存在文凭一说，每个人到了大学阶段也可以全凭个人爱好去学习和思考。

尽管斯金纳虚构的"沃尔登第二"这个乌托邦十分美好，但他却忽略了人性，即我们渴望与母亲、与他人建立情感联系的天性。斯金纳认为孩子从出生起就应该由专家抚养，因为一般的父母不具备抚养孩子的知识和素养，他认为在集体环境下长大的孩子会更健康，而且"沃尔登第二"中的成年人也会将所有孩子都当成自己的孩子，每个儿童会将每一个成年人看作自己的父母。

斯金纳的这一观点与华生十分相似，在华生看来，母爱并不是每个人的必需品，相反华生将母爱看成是一种危险的感情。在母爱的作用下，母亲会无微不至地照顾孩子，华生认为这种照顾会使孩子养成软弱、恐惧和自卑的性格，会毁掉孩子的未来，像拥抱、亲脸这样的亲昵动作尤其不应该存在。华生曾设想过一个婴儿园，与"沃尔登第二"中抚养孩子的方式一样，每个孩子从一出生起就被送到婴儿园抚养，这里没有父母，只有专家，他们会对孩子进行科

共情力与同理心

学的抚养。每当孩子表现不错时，就会得到奖励，有时是被人碰一碰，有时是物质奖励。在华生看来，物质奖励具有惊人的效果，人们应该有组织地给儿童发放物质奖励。

母亲是我们每一个人人生中最重要的人，我们在小时候每当遇到不开心的事情，例如跌倒，就会向母亲寻求安慰。长大后，我们似乎不再需要母亲，我们开始与其他人建立联系，例如朋友关系、爱人关系，但母亲是我们心的归属，无论何时何地，我们都坚信母亲在我们背后爱着我们、支持着我们。

而且与母亲的相处模式，会是我们以后处理各种人际关系的模板，我们在与他人相处的过程中，必然会受到与母亲相处模式的影响。成人之间的其他一切社会关系都建立在此基础之上。

华生的观点在20世纪20年代得到了公众的支持，当时许多女性想要摆脱家庭外出工作，获得经济独立，华生所提出的观点恰恰迎合了她们的心理需求。但华生提出的"母爱是过分溺爱孩子"的观点在如今看来却显得荒诞不经，心理学家哈里·哈罗用实验证明，母爱重要且关键。

哈罗在拿恒河猴做实验的时候发现，一只猴子如果在孤独的环境下长大，没有母亲的照顾，即使它的生存环境十分干净卫生、食物充足，它也无法健康长大，会出现健康问题，还伴随着许多心理问题，尤其是社交能力不健全。当哈罗将这些孤独的猴子放入猴群后，他发现它们不仅没有社交技巧，甚至连社交的欲望也没有，只会独自蜷缩在角落里，无法像其他猴子那样进行正常的社交、交

第五章 让我们彼此相连——同理心

配和抚育后代。哈罗的实验充分证明了母爱的重要性，如果一个人早年无法得到母爱，没有得到像华生所忌讳的拥抱、爱抚等亲昵动作，那么他终其一生都会被心理问题困扰，无法获得幸福。

与母亲的相处是每个人人际关系的开始。人是社会性动物，这意味着我们无法脱离人际关系而生存，因为我们的心理已经完全适应了社会生活，如果我们无法与他人建立联系，经常处于落单的状况，那么我们的心理状态就会变得相当糟糕，甚至会影响身体健康以及寿命。例如一起生活了许多年的夫妻，如果遭遇丧偶，那么活着的另一半往往会长时间地处于消沉状态，甚至连活下去的欲望也没有，因此许多丧偶的人很容易酗酒、抑郁，死于心脏病、癌症的概率也很高。统计数据显示，夫妻双方中一方过世后，另一半在半年之内死亡的概率很高。

作为群居哺乳动物的人类，个体与个体之间的相处依存必不可少，它已经根植于人性之中，尤其是亲密关系，对我们每个人来说尤为重要。与母亲的相处会为我们将来处理亲密关系打下基础，如果我们真的像"沃尔登第二"这个乌托邦中那样，从出生起就被安排到托儿所生活，得到斯金纳所说的最科学的教育，却失去了母爱，那么我们也就失去了与他人建立亲密关系的能力，失去了幸福的能力，就会变得像哈罗实验中的猴子一样，被焦虑、孤独笼罩一生，没有社交的欲望，也没有活下去的欲望。家庭这种基本社会单位的存在，不仅仅是为了亲属之间进行互惠互利的经济合作，更是为了满足我们的心理需求，这是人性的必然。

共情力与同理心

一个人如果想要与他人联结,建立亲密关系,就必须获得一种情感,这种情感能让人感到关爱和温暖,被称为"同理心"。有了同理心,我们就能想象自己站在对方的立场上,了解对方的感受和看法,从而思考自己该如何做。在同理心的作用下,我们会意识到他人的感受与自己不同。如果没有同理心,母亲将无法感受到孩子的需求、痛苦,也无法给予孩子关爱和温暖;没有同理心,我们也就无法与他人建立联系,人际关系将无法开展。

人类群居的特点,使得人类发展出了同理心,这是长期演化的产物,且已经在我们的心中深深地扎根了。

恻隐之心，人皆有之

两千多年前，孟子提出了"恻隐之心"的概念，在他看来每个人都有恻隐之心，每当看到他人受罪，自己就会感到痛苦。孟子的恻隐之心主要包括两个方面：一是对他人的痛苦感同身受，二是对他人幸福的关心。

恻隐之心也被称为"不忍人之心"，具体是指当我们看到他人陷入困境时，我们会产生一种不忍的情绪。如果将含义扩大，恻隐之心就是指我们会对他人的痛苦产生伤痛反应，会对他人的处境产生共鸣式的情感反应。

为了说明恻隐之心的存在，孟子列举了一个"孺子将入于井"的例子。当我们看到一个小孩掉入井中时，我们就会产生恻隐之心，这不是因为想要和这个孩子的父母拉关系，不是因为想要在乡邻朋友中博取声誉，也不是因为讨厌这孩子的哭叫声而产生的不安。这是因为每个人都有恻隐之心，当我们看到另一个人遭遇险境或痛苦时，我们就会不安，这是一种我们自己都无法控制的冲动。

恻隐之心与情感感染以及强大的联想能力密切相关。情感感染意味着我们很容易受到他人情绪、情感的影响，例如当婴儿听到其他婴儿在哭泣时，他也会哭泣。在"孺子将入于井"这个例子中，

共情力与同理心

当一个人看到小孩子快要掉入井内、露出惊惧痛苦的表情时,他会立刻被小孩子的表情感染,出现惊恐不安的情绪。

我们会不由自主地关心他人的情绪和行为,这是我们的社交天性,我们天生对他人感兴趣,容易将自己的注意力放在对方身上,且极易受到对方的影响。当我们在倾听一个人讲述悲伤的故事时,我们会不由自主地和对方做出同样的表情,比如皱着眉头苦恼不已,还会受到对方情绪的影响,变得悲伤起来。虽然我们彼此之间是相互独立的个体,但情感感染让我们彼此相连,使我们能精确地捕捉到对方的情绪、情感信息。

当然,情感感染不仅意味着痛苦、悲伤可以传递,还意味着我们能对他人的快乐感同身受。例如当你笑着面对一个陌生人时,对方通常会不由自主地露出笑容,这是因为对方被你的快乐感染了。别人就相当于你的一面镜子,你的笑声会反射回来,因此如果你想让身边的人快乐,最好的办法就是让自己快乐,当你快乐的时候,对方的心情会因你而受到感染,也会跟着变得快乐起来。当然你也会受到他人笑声的感染,会因为他人的快乐而快乐。

人同时还具有很强的联想能力,例如常见的触景生情。这种联想能力促使我们生出恻隐之心,我们会根据听到、看到或读到的人或事,而做出不同的设想,借助联想的能力,感受到对方的处境和心情。每当我们联想到他人处于痛苦之中时,恻隐之心自然而然就会出现。例如当我们听到朋友摔断了腿,即使我们没有听到他痛苦的呻吟,也没有看到他痛苦的表情,我们也会通过联想感受到他的

第五章　让我们彼此相连——同理心

痛苦。

只对他人的痛苦感同身受，是否会促使我们向对方伸出援助之手呢？不一定。我们可能会帮助他人摆脱痛苦，毕竟我们会因为他人的痛苦而不安，帮助了他人也就是帮助自己摆脱不安。但我们还有其他办法摆脱不安，例如尽快离开现场，眼不见心不烦，或者使自己变得麻木、冷漠，许多医护人员长期暴露在病人的痛苦中，为了不被不安的感受折磨，他们往往会选择令自己对痛苦感到麻木。

孟子讲过一则故事，一个君主坐在堂上，看到有人牵着一头牛从堂下走过，君主就随口问了句，准备把牛牵到哪里去？那个人回答说，要把牛杀死，用它的血祭祀。君主一听觉得很残忍，他似乎看到牛露出了恐惧的表情，于是君主就下令饶这头牛一条性命。可祭祀得照常进行，该拿什么替代呢？君主想出了用羊来替代牛的办法。君主只看到了牛害怕的样子，可他不忍心看到此景，于是就下令用羊替代，毕竟他看不到羊。

孟子这则故事中的君主和所有人一样，具有恻隐之心，不忍心看到牛痛苦，也不忍心看到牛流血、送死，他会因此感到不安，为了消除这种不安，君主想到了用羊替代。这显然不是一个好办法，却能帮助君主减轻自身的不安。除了用羊替代外，君主还可以远离屠宰场，看不到牛羊的痛苦，他自然就不会不安了。但这算不上真正的恻隐之心，或者说只是恻隐之心的一部分。我们天生对他人的痛苦敏感，能分享他人的情感，但这远远不够，这种能力无法让我们将人与人联系在一起，也不具备任何积极的意义。想让恻隐之心

共情力与同理心

起到积极作用,我们除了要对他人的痛苦感同身受外,还要关心他人是否幸福,从而帮助他人减轻痛苦。

孟子认为一个有恻隐之心的君主,不仅要对臣民的痛苦感同身受,还要关心如何帮助臣民摆脱苦难。也就是说,恻隐之心的主要目的是助人,而助人的前提是站在他人的立场上进行思考和感受,从而根据对方的特定需求实施帮助。当我们进入他人的情境中时,我们就能摆脱自己的感受,从而能更好地想象并理解他人的痛苦,而不是只关注自己的不安以及将注意力都集中在如何缓解自己的不安上,对帮助他人减轻痛苦毫不在意。

与他人心灵相通的能力

2008年5月12日下午2点28分,四川汶川发生了特大地震。地震发生后不久,许多人奔赴抗震救灾一线,警察蒋晓娟就是其中的一分子。她当时还在哺乳期,她的孩子只有6个月大,需要母乳喂养,地震发生后,蒋晓娟只能将孩子送到乡下父母那里,托给父母照料,自己则奔赴救灾前线。

当时来自北川、平武的灾民大量涌入江油市,导致江油市的饮用水、食品、医药用品等物资出现短缺,再加上地震造成的交通堵塞,使得各种救灾物资匮乏。其中最让人无奈的是婴儿食品、用具的匮乏,例如配方奶粉、奶瓶等。

地震发生后,救灾棚转移来了许多婴儿,不少婴儿的父母在地震中丧生。由于没有奶粉,被转移来的婴儿只能喝一点水和稀饭,除此之外没有其他东西可以吃。成人饿肚子尚且可以忍受,可婴儿却无法忍受饥饿,许多婴儿被饿得哇哇大哭。

杨金玉的儿子只有两个月大,正是吃奶的时候,但杨金玉却没了奶,她的丈夫在地震中丧生,伤心过度的杨金玉断了奶,没有奶水可以喂给儿子。刘蓉也是一位在地震中幸存的母亲,她的女儿刚刚满月,刘蓉在地震中受到了惊吓,奶水严重不足,只能眼睁睁地

共情力与同理心

看着女儿饿得直哭。

蒋晓娟来到救灾现场后,听到婴儿因饥饿而哭喊,心里很焦急。她立刻想到了自己的儿子,如果她的儿子饿成这样,她一定会十分心疼。当时蒋晓娟想到自己正在哺乳期,她的奶水很好,留着也没用,倒不如给灾区的婴儿吃。于是蒋晓娟朝着一个正在哭闹的婴儿走去,说:"这个娃,我来喂一下。"接过孩子后,蒋晓娟立刻坐下来,撩开衣服给孩子喂奶,情急之下蒋晓娟竟然忘记了避开周遭的视线。事后蒋晓娟回忆说:"当时脑袋里只有一个想法,就是赶紧让孩子吃奶,忘记了周围有那么多人,甚至忘了自己还穿着警服。"

5天后,灾民安置点的物资源源不断被送进来,奶粉不再紧张,蒋晓娟也可以喘口气了,趁着一天的假期回家看儿子。回家后蒋晓娟才得知断奶的儿子一直很排斥米糊糊之类的食物,蒋晓娟立刻给儿子喂奶,她想趁着这一天的假期让儿子吃得饱饱的。临走前,蒋晓娟非常不舍,但想到安置点的那些孩子,觉得自己的儿子还是很幸福的。

5月22日,蒋晓娟得知自己获得了"全国公安系统二级英雄模范"的称号,她的第一反应是吃惊,觉得自己只是做了力所能及的一点小事,却获得了这么高的荣誉,这让她觉得受之有愧。可灾民们却十分感谢蒋晓娟,一位母亲在接受采访时表示:"我的娃好有福气哦。"

杨春香是一名61岁的老人,她的侄孙儿彬彬也吃过蒋晓娟的母乳,当记者向她打听这件事时,她一边站起来,一边将怀里的孩子

第五章 让我们彼此相连——同理心

高高兴起让记者看，她称赞道："这个女娃儿的心肠好慈悲啊！"

彬彬的妈妈陈华堂在地震中受到了惊吓，再加上连日奔波导致营养跟不上，奶水就断了，她曾试图给孩子喂奶粉，但彬彬因不习惯奶粉的味道而不肯吃，经常饿得大哭。陈华堂记得特别清楚，16日下午5点，一名年轻的女警来到了她身边，在随口问了两句后，就解开衣服将彬彬抱过去，给彬彬喂奶。陈华堂当时感动极了："那个女警察很年轻，长得很漂亮，穿得也很整齐，我们农村的娃娃，这几天带着他四处跑，也没收拾，女警察却一点儿也没嫌弃。"

那些接受过蒋晓娟喂养之恩的孩子长大后，一直与蒋晓娟保持着联系，逢年过节就会打电话向蒋晓娟问好。每年的正月初五，他们的父母就会带着孩子从乡下来到蒋晓娟家里聚会，他们都喊蒋晓娟为"蒋妈妈"。

人性有其自私的一面，绝大多数人最在乎的都是自己的利益，当个人利益遭受侵犯时，我们会想尽办法维护自己的利益，甚至诉诸暴力。因为自私，我们常常将个人的利益摆在首位，以自我为中心。在自利的驱动下，我们会为了各自的利益努力，只为自己着想，在与他人的竞争中不择手段。但同时人性中也有利他的一面，我们在同理心的影响下关注他人的利益，必要时伸出援助之手，还会因看到他人快乐而获得愉悦感。

人类是崇尚竞争的动物，却也提倡合作。如果说竞争对应的是人性中自私的一面，那么利他就对应着合作。一个人不论有多在意自己的利益，也都会去关注他人的利益，想要他人也获得幸福，即

共情力与同理心

使他人的幸福快乐根本无法给自己带来丝毫益处,他也能从他人的快乐中感到愉悦,这就是同理心在发挥作用。

如果没有同理心,蒋晓娟就无法对灾区婴儿的艰难处境感同身受,也就无法将自己的乳汁分享给灾区的婴儿,这些婴儿就只能在饥饿下哭闹个不停。身为一名母亲,蒋晓娟希望灾区的这些孩子能和自己的儿子一样快乐,所以当听到孩子们因饥饿而哭闹时,蒋晓娟立刻想到了自己的儿子,她很心疼,于是决定给孩子们喂奶。蒋晓娟在做这个决定的时候,并没有想过自己会获得"全国公安系统二级英雄模范"的称号,也不会想到自己会因为这件事被破格提拔为副政委,她觉得自己只是在做一件力所能及的小事,这是她的同理心在起作用,她能从中感受到愉悦。

人与人之间的竞争是必不可少的,竞争使我们变得自私,变得以自我为中心。但同时人类还具有同理心,同理心是一种使我们与他人心灵相通的能力,在同理心的影响下,我们会暂时抛开人性中自私的一面,转而为他人考虑。

同理心会促使我们站在他人的立场上进行思考,想象自己处于他人的处境时会怎么样。因为同理心,我们才会关心他人的利益,做出利他的行为,甚至会为了他人的利益而行动,哪怕会损害自己的利益。蒋晓娟哺乳的照片在网上迅速走红后,给她带来了许多麻烦,她受到了一些网友的诋毁。但蒋晓娟并不后悔做这件事,否则她不会和那些孩子们保持联系,而且每逢正月初五都会相聚。蒋晓娟虽然没有从孩子们那里获得实质性的利益,但孩子们的那一声

第五章 让我们彼此相连——同理心

"蒋妈妈"已经令她心满意足。

同理心会促使人们做出利他行为，加深人与人之间的联系。因为同理心，我们开始为他人着想，而在关心他人、给予他人温暖的过程中，我们自己也会获得快乐。除了快乐外，同理心还会促使我们走出封闭的自我，获得良好的人际关系。据蒋晓娟的同事说，蒋晓娟平时就是一个十分热心肠的人，她会给灾区的婴儿们喂奶完全是意料之中的事。在人际关系上，蒋晓娟处理得很好，这得益于她的同理心，蒋晓娟能主动关心他人，他人自然也会关心蒋晓娟。

我们每个人都被各种各样的人际关系围绕，许多人都被破裂的人际关系困扰，而导致关系破裂的根源就是缺乏同理心。在一段关系中，如果没有同理心，双方就会感觉自己的需求与感受遭到了忽视，双方的误会就会越来越深，关系只会渐渐破裂到无法修复的地步，最终以分开告终。如果说同理心能够促进关系的维持，那么它也能修复破裂的关系。在一段破裂的关系中，如果双方都能多去照顾对方的感受和需求，那么同理心将会发挥作用，双方也能加深彼此之间的联系。

因为同理心，蒋晓娟能够毫无顾忌地给灾区的婴儿们喂奶。同样因为同理心，当蒋晓娟因为闲言碎语而苦恼时，她的丈夫主动宽慰她，让她不要在意那些闲言碎语，只要将自己的日子过好就行了。同理心使一个人能够做到与他人在思考和情感上相通，这是一种心灵相通的能力，我们能从中获得快乐和良好的人际关系。因为同理心，我们才加深了彼此之间的联系。

共情力与同理心

　　一个缺乏同理心的人往往无法处理好人际关系，因为他对自己给他人造成的伤害不以为然，感受不到他人的痛苦，从而容易遭到他人的反感与排斥。我们都愿意和与自己心意相通的人在一起，并且想要得到他人的理解。心意相通会加深彼此之间的联系和感情，使我们与他人保持融洽、亲密的关系。

同理心让自己感觉更好

小刘的儿子正处于青春期,她发现自己经常与儿子发生冲突。一天早上,小刘实在不想起床,她感觉心情很糟糕。可她并不在意,不再理会自己的心情,因为她觉得自己是个内心强大的成年人,不应该为自己不稳定的情绪操心。于是小刘起床后像往常一样为一家人准备早饭。

到了吃早饭的时间,小刘将儿子叫起来,但儿子却没怎么吃饭就准备出门,小刘就与儿子吵了起来,这导致小刘的心情更加糟糕。上班后,小刘又与同事发生了争吵。一天下来,小刘感到心力交瘁,于是她再次与儿子发生了争吵。

小刘对自己的情绪和情感需求毫不在意,她活在日复一日的匆忙之中,不愿意将时间浪费在整理自己情绪上,也不愿意静下心来思考自己为什么总是与身边的人发生冲突。这些冲突使得她的心情更加糟糕,她不仅自己饱受糟糕情绪的困扰,还将糟糕的情绪转移到了身边人身上,她的儿子和同事都受到了影响。显然,小刘是一个对自己和身边人都缺乏同理心的人。

如果小刘是个有同理心的人,她就会十分在意自己的情绪。在早上起床感觉心情很糟糕时,她就会静下心来思考糟糕的情绪会给

共情力与同理心

自己这一天带来怎样的影响，她会联想到接下来的这一天可能会因情绪不好而发生许多不顺利的事，而自己这一整天都将在灰暗中度过。接下来，小刘应该抽出一些时间来梳理自己的感受，思考自己这糟糕的感受到底是什么样的情绪，是疲劳，是焦虑还是愤怒。最终小刘会想明白，她糟糕的情绪是多日坏情绪的累积，她昨天晚上与丈夫发生了争吵，她为此心情非常郁闷，却不知道该如何缓和双方的关系。而且小刘还面临着忙碌的一天，她知道自己上班后要和同事一起处理棘手的材料，一想到这些，小刘就感到焦虑，由此变得更加烦躁。

对小刘来说，缺乏同理心的她很难在意自己的感受，她不会想办法消除个人的负面情绪，只会将负面情绪暂时搁置起来。一个对自己缺乏同理心的人，自然也会对身边的人缺乏同理心，小刘无法理解他人的情绪，只会将自己的负面情绪传染给身边的人，甚至会认为就是身边的人在惹自己生气。这使得小刘与丈夫、儿子、同事之间极易发生冲突。

当意识到自己心情不佳时，小刘就应该找丈夫谈一谈，将自己压抑的感受告诉丈夫，并表示希望得到丈夫的理解。如果丈夫能理解小刘，那么小刘就会感到轻松，她的负面情绪会消除一大部分，这样也有利于缓解两人的冲突。

如果小刘能坐下来好好和儿子谈谈，而不是一味地指责，告诉儿子她昨晚与丈夫发生了争吵，心情很糟糕，而且接下来的一天要面临棘手的工作，压力很大。那么儿子一定会理解小刘，他会明白

第五章 让我们彼此相连——同理心

妈妈心情不好的原因,可能会安慰妈妈,这种安慰对小刘来说一定可以起到积极的作用,这样她在上班时心情就会变得轻松许多,这种轻松的心情也有利于她和同事处理紧张的关系。

如果小刘能再与同事交谈一下,将自己的紧张感告诉同事,双方互相倾诉工作中烦恼、紧张的情绪,那么他们双方的心情都会变得更好。这一天下来,小刘的生活质量将会大大提高。

同理心对每个人来说必不可少,它能使我们更清楚地认识自我、了解自己和他人的情绪,从而消除个人的负面情绪,找到处理人际冲突的办法,使自己感觉更好。同理心在给我们带来高质量、感觉更好的生活的同时,还能帮助我们理解他人的感受、意愿和动机,使得我们在与他人相处时更加和谐。

做一个同理心者看上去十分简单,但真正能做到的人很少。许多人从小就被教育要控制好自己的情绪,我们生活在一个崇尚理智的时代,情绪、情感的表达被视为脆弱。就像上述案例中的小刘一样,她从小被教育要保持强大的内心,不要在意糟糕的情绪,可情绪、情感对人的影响要远远大于理智。

从某种程度上来说,追求理智是一种妄想,因为人是情感动物,情感在长期的进化中起到了至关重要的作用,俨然已经成为人类的基本需求,想要变得完全理智,丝毫不受情感、情绪的影响,是一个不可能完成的目标。许多人之所以追求理智、强大的内心,是因为他们发现情感、情绪更难驾驭。每个人都希望生活在一个可控的环境内,当他感到失控,周遭的一切不受自己控制

共情力与同理心

时,他就会感觉糟糕透了。因此许多人会回避自己的情感、情绪,如同小刘一样,将糟糕的心情搁置起来,但糟糕的情绪一直都存在,它需要一个发泄口,这下小刘身边的人就倒霉了,他们会莫名其妙地承担小刘的负面情绪。

许多人都有这样的经历,被父母教训不要任性、不要哭、不要生气,总之就是不要随意地表达自己的情绪、情感。渐渐地,我们开始明白,我们不能自由地表达个人的情绪、情感,否则就会遭到父母的批评。当我们开始将父母的教育内化成自己的观点时,我们就开始认同父母的观点,想要成为一个控制自己情绪、情感,随时表现得有教养、大方得体的人,且不再轻易表达自己的感受。与此同时,我们也就丧失了成为一个同理心者的机会,成了一个不在意自己感受的人,也不会花费精力去理解他人。

许多父母在教育孩子的时候,通常会以懂事、不闹、安静为准则,这其实剥夺了孩子自由表达个人情感的权利。每个人在幼年时期都会本能地表达自己的情绪,例如愤怒、忧伤,但许多父母在处理孩子的情绪时往往会采用不正确的方式,例如嘲笑、谩骂、体罚等,孩子会因此受伤,同时明白了自由表达自己的情绪会受到伤害,为了避免再次受到伤害,孩子会渐渐学会压抑自己的情绪,脱离自己的情感世界。于是当他长大成人后,他就会成为一个缺乏同理心的人,不去倾听自己的内在感受,也不会去倾听身边人的感受。

小玉就是这样一位母亲,她的女儿5岁了,已经在她的教育下变成了一个安静、懂事的小女孩。一天小玉带着女儿逛超市,经过副

第五章 让我们彼此相连——同理心

食区的时候，小玉的女儿看到了货架上的一袋饼干，她小声地对妈妈说，她想吃那个。小玉直接回了句，吃吃吃，就知道吃，给你一巴掌你吃不吃？听到母亲的话，女儿没有闹，她只是低下头安静地从那里走过。其实小玉完全可以好好和女儿解释，告诉她吃零食不好，应该好好吃饭，或者告诉女儿这个零食太贵了。小玉的这一句谩骂在日常生活中十分常见，她根本不会去考虑女儿听到这句话的感受，所以她的女儿早早地学会了压抑自己的情感、情绪，不再轻易表达自己的感受，变成了一个安静、懂事、不为自己争取的孩子。

哭、闹是每一个正常孩子都有的表现，他在用这种方式表达自己的感受，这个时候父母正确的做法是倾听孩子的感受、情感，耐心地做出引导，而不是用简单粗暴的谩骂、惩罚的方式来让孩子安静下来，因为这只会使孩子丧失身为一个幼儿应该有的正常反应，不再吵吵闹闹，不再为自己争取，也不去在意自己的感受。于是，他开始变得安静、懂事起来，被拒绝时不会烦躁、不会哭闹，更不会尖叫或跳脚，他成了成人眼中的乖孩子，却也丧失了自我。

乖巧懂事的孩子在许多成人看来是最成功的教育，一个安安静静的孩子才能不给成人带来麻烦，成人才会觉得他可爱，才会表扬、赞赏他。而实际上，这样的教育只会使孩子成为一个缺乏同理心的人，他会被各种负面情绪困扰，进而突然情绪爆发，将愤怒和失落转移给身边的人，成为一个不会处理负面情绪的人。

人是有感情的动物，会出现各种各样的情绪，会感到快乐，也会感到焦虑、愤怒、恐惧，我们要做的不是压抑自己的负面情绪，

共情力与同理心

而是理解、接受,并学会调节。我们越是压抑、不在意负面情绪,就越容易被负面情绪击倒,且很可能做出不恰当的行为。在上述案例中,小刘早晨起床时心情很糟糕,而她不去在意糟糕的心情,于是她与儿子发生了冲突,带着更糟糕的心情出门上班,又和同事发生了争吵。

人无法做到纯粹的理智,如果能,那么那样的人也不能称之为人,只是一台会思考的机器,只有情绪、情感,不管是正面的还是负面的,才能够反映出我们是一个人。当我们出现快乐、好奇等积极情绪时,说明我们的心理状态很好。相反,如果出现了负面情绪,当我们被郁闷、愤怒、焦虑等情绪困扰时,则说明我们的内心出现了问题。负面情绪的产生相当于一个信号,让我们更加关注自己的内心世界,它可以帮助我们认清自己的感受,促使我们更好地了解自己。但前提条件是,我们必须腾出一些时间,哪怕是很短的时间,来整理自己的情绪。

想要成为一名同理心者,我们要做的第一步就是尊重自己的内在感受,以宽容的心态来接纳、感知和理解自己的各种情绪、情感。只有接纳了自己的情绪、情感,我们才能进一步了解自我、理解自我,从而恢复同理心。否则一个对自己都缺乏同理心的人是难以接受他人身上的负面情绪的。

缺乏同理心的人,往往无法接纳自己的情绪,他们认为自己不应该听从自己的感受,而要控制住情绪,将时间用来整理情绪是浪费,不应该这样做。如果我们不去在意自己的真实感受,不去倾

第五章 让我们彼此相连——同理心

听自己的负面情绪,那么我们的负面情绪就会持续占据着内心,外界的一点儿刺激都会促使我们将负面情绪发泄出来。例如小刘的儿子只是早饭吃得少,这本是一件再小不过的事情,却令小刘十分愤怒,紧接着她向儿子发泄了自己的郁闷、焦虑和愤怒。莫名其妙被妈妈痛骂一顿的儿子,自然会受到妈妈负面情绪的影响,他也变得特别生气,就和妈妈争吵起来。

想要做一个同理心者,我们必须得学会倾听自己的感受,将自己的感受准确地表达出来。在表达自己情感、情绪的同时,我们也就会正视自己的真实感受。只有这样,我们才能在意和理解身边人的感受。

后天训练出的同理心

同理心是一种能力,它能帮助我们处理各种人际关系,使我们在人际交往中与他人建立信任。有的人天生拥有这份能力,他能在与他人交往时,理解对方的处境和感受,产生同理心。例如朋友母亲去世这件事情,如果你能对朋友产生同理心,即使你没有失去父母,你也会体验到失去母亲的感觉,会想象一个在自己人生中扮演那么重要的角色的人不在了,你再也见不到她,感受不到她的爱和支持,进而心生悲痛。同理心会促使你设身处地去想象朋友所体会到的丧亲之痛。可如果一个人缺乏同理心,他就无法对他人所经历的事情产生共鸣,虽然能理解对方在经历痛苦,却没有相应的情感反应。有的缺乏同理心的人甚至无法做到理解对方的处境,也就是从认知上都无法理解对方。总之,同理心能力包括认知、情感和行为,缺少其中一部分,就是缺乏同理心。

除了先天的同理心能力外,我们也可以通过后天的努力培养出同理心能力,例如有意识地关注他人的想法、感受,就能将自己潜在的同理心能力激发出来。

在一项实验中,被试是来自美国各地的大学生,他们被要求观看一张年轻的非裔美国人的照片,然后写一篇文章来描述照片上

第五章 让我们彼此相连——同理心

的人一天的生活。被试被分成了三组，其中一组是控制组，实验者只要求他们描述照片上的人的生活，除此之外没有交代任何信息；对照组的被试则被要求，在描写的时候尽量避免掺杂个人的刻板印象；实验组的被试被要求进行角色转换，在描写时将自己想象成照片中的人，从自身的角度去看待周遭发生的一切，然后将你想象到的这个人一天的生活写下来。

实验结果显示，实验组的人所描述的主题更为正面，然后是对照组，最后才是控制组。实验会出现这样的结果，与各组被试同理心能力的激发程度有很大的关系。实验组的人在被要求进行角色转换的时候，就开始将注意力和视角放在了照片上的人身上，而不是自己身上，他们就不会因为对非裔美国人缺乏同理心而认为对方会度过很糟糕的一天，所以描述的内容也就更加正面。

当我们试着进行角色转换时，我们的同理心能力就会渐渐被激发出来，也就更加理解对方。这项实验也证明了同理心是一项能力，可以通过后天的训练激发出来。作为社会性动物，我们天生就具有同理心，每个人的幼年时期是培养同理心能力的关键时期。但不是每个人都会把握住这个关键时期，因为幼年期的同理心能力的培养很大程度上取决于父母，而不是我们自己。当我们成年后，如果饱受缺乏同理心能力的困扰，我们就可以有意识地培养自己的同理心能力，例如进行角色转换，留意身边的人的感受等。如果想要培养自己的同理心，我们可以从以下几个方面入手：

第一，将注意力放在对方的需求上，从认知上了解对方的需

共情力与同理心

求。一个人如果想要对另一个人产生同理心，就必须得从某件事情着手，通过这件事了解对方的需求，和对方产生同理心。

第二，接纳他人的价值观。每个人都有不同的价值观，接纳他人的价值观也是一种能力，而且我们在接纳的同时就会产生理解。例如亲人去世会感到痛苦，这是大多数人的价值观，我们很容易产生同理心，但如果你遇到一个人，他的宠物狗去世了，他十分痛苦和难受，就如同失去至亲般，如果你不接纳他的价值观，就无法理解他的这份痛苦，就会觉得不至于如此。无法理解对方的痛苦，我们就无法产生同理心。但接纳他人的价值观应该有一个前提，即融入人类的共同价值观，在接纳对方价值观的同时，要先思考它是否违反了人类的共同价值观，例如我们不能去接纳一个变态杀人狂的价值观。

第三，暂时放下自己的主观角度。大多数人习惯性的思考方式就是从自己的主观角度、经验出发，分析他人的遭遇，甚至会对他人的反应进行批判。这是同理心能力训练的大忌，没有人愿意被人批判，人们都希望得到他人的理解，尤其是一个承担痛苦的人，他需要的不是一个指挥自己该如何解决当前困境的人，而是一个能理解自己，站在自己的立场上倾听自己经历的人。

第四，与对方产生共鸣，建立连接关系。具体做法是暂时放下自己的怀疑和观点，从对方的角度去看待事物，当然这并不意味着你要赞同他的想法，只是在与对方产生同理心时对对方的经历感同身受，与对方一起思考，这样双方才能产生共鸣，才能建立一种连

第五章 让我们彼此相连——同理心

接的关系。例如我们在与他人进行交流的时候，尽量问一些开放式的问题，不要带着批判的态度，这样才能促使对方说出自己的心事和感受，让你更好地理解他。例如"你说你失恋了，可以说说你的感受吗？"在这种开放式的问题下，许多人都会愿意倾诉，说出自己的感受。但如果换成"不就是失恋了吗？谁没经历过，没事，天涯何处无芳草"，这就直接将自己的观点强加给对方了。

第五，利用"反射"的技巧来加深交流。在心理咨询过程中，心理咨询师为了促进来访者继续叙述，表达出更多的内容，通常会采用反射的技巧诱导来访者说下去。反射是指将来访者的想法或感受，以反射的方式说给来访者听。例如来访者表示自己犯错但不希望被人批判时，心理咨询师会说："听起来像是你犯错的时候，总觉得别人在批评你。"这种反射的技巧在人际交往中也可以使用，它不仅可以起到促进对方继续叙述的作用，也在向对方表达自己在认真倾听。

反射的技巧看起来十分简单，但是实践起来却相当有难度，因为这意味着你要将注意力都放在对方身上，放下自己的主观感受，认真倾听对方讲话，从而做到真正理解对方的想法和感受。

第六，适当地聊聊自己，以促进双方的共鸣。在交流过程中，如果一个人总是谈及自己，将注意力都放在说自己的事情上，那么对方就很难敞开心扉和他进行交流，因为对方会觉得你对自己比对他更有兴趣。因此如果你想要多了解对方，应该将话语权交给对方，尽量少谈及自己。不过，适当的自我暴露有利于共鸣的产生，只是要注意在进行自我暴露时不要过度，最好选择有共同感受的经历，因为相同的经历和感受有利于双方发生共鸣。

第七，让自己和对方保持适当的距离。同理心会促使我们双方相互理解，拉近彼此的距离，但距离并不是越近越好。如果你太过投入对方的主观世界，你就会将对方的情绪当成自己的情绪，那会使你无法分清楚自己与对方之间的界限，使双方之间的界限模糊。而如果你只将注意力放在自己身上，那么就无法产生同理心，无法与对方建立联结。你需要在与对方相处的过程中慢慢探索与对方之间最恰当的距离。

权威下的服从心理

电影《服从》中的主角贝基是个金发女孩,她有着天使的容貌和魔鬼的身材,有许多追求者,她颇为得意,且经常向人们炫耀。贝基在一家快餐店工作,但她与店长桑德拉的关系不怎么好,在桑德拉宣布自己要结婚的消息时,店里的员工纷纷表示开心和惊喜,但贝基只随口说了一句"恭喜"之类的话就继续做自己收银的工作,没有什么表示。

一天,桑德拉向所有的员工宣布,快餐店前一天晚上发生了盗窃事件,一块价值不菲的食材不见了。她一边提醒着大家今后多注意,一边时不时地将目光停留在贝基身上,显然她怀疑贝基偷了食材。

就在快餐店用餐高峰期间,桑德拉接到了一个陌生人的电话,电话那边的人自称是警察,名叫丹尼尔,他接手了一起快餐店被盗的案件,所以打电话前来核实情况,希望快餐店的人员能配合警察查案。他还向桑德拉透露,贝基的嫌疑最大,她不只犯下了偷窃罪,还有其他罪行。

桑德拉觉得这个电话有些莫名其妙,但她还是决定按照丹尼尔的要求去做,因为对方是警察。于是桑德拉找人代替贝基收银,将贝基带到了快餐店的仓库,向贝基询问此事,贝基自然否认了这些指控。电话那头的丹尼尔说,他马上就要到快餐店了,他要求桑德拉先替自己检查贝基的私人物品。贝基急于证明自己的清白,想都没想就答应了。可桑德拉并未在贝基的私人物品中发现被盗物品。

丹尼尔通过电话,向桑德拉和贝基表示,如果按照正常流程,他得将贝基带走,贝基也许会被拘留几天,但也有办法让事情不那么复杂,那就是立刻搞清楚状况,最简单的做法就是搜身,而且是脱衣搜身。贝基答应了,她将衣服脱得只剩下了内衣内裤。可警察依旧说这无法证明贝基的清白,他说有许多小偷都喜欢将偷来的东西藏到内衣内裤里。接下来,贝基全裸了,桑德拉只能给她一件围裙,让她勉强遮住了身体。

当时店里正值用餐的高峰期,桑德拉只能叫来一个店员和自己换班,通过换班的方式来监视贝基。可不论是对桑德拉还是其他店员,电话那边的警察丹尼尔的态度都很强硬。桑德拉和店员都执行了他的命令,直到监视者换成了一个男店员。

在电话中,丹尼尔要求男店员将贝基的围裙脱掉,继续检查贝基的身体。男店员一听觉得这个要求很过分,于是他将电话扔到一边离开了。桑德拉无奈之下主动给丹尼尔打电话,问他下一步该怎么做。丹尼尔说让桑德拉的未婚夫检查贝基的身体,桑德拉居然同意了,她将未婚夫叫来,并让他遵从丹尼尔的指令检查贝基的身体,她的未婚夫没有拒绝,贝基也没有拒绝,她脱掉遮挡身体的围裙,让一名陌生男子给自己做检查。

显然,电话对面的人并非警察,而是一个变态。在丹尼尔的

第五章 让我们彼此相连——同理心

要求下,桑德拉的未婚夫开始检查贝基的胸部,然后是私处,最后他对贝基实施了性侵。等桑德拉再次来到储物间时,一切都已经结束,她的未婚夫气喘吁吁地离开了。之后一个上了年纪的修理工接替了桑德拉的监视工作。

这名修理工立刻感觉到丹尼尔不是警察,而是骗子。他走出房间告诉桑德拉,丹尼尔下达的指令很变态,这时桑德拉才意识到自己上当受骗了。最后真正的警察受理了该案件,并找到了丹尼尔。丹尼尔这个有着变态嗜好的骗子不但有一份体面的工作,还有一个幸福的家庭,他的妻子很漂亮、女儿很可爱。随着调查的深入,警方发现受害者不止贝基一人,在贝基之前还有许多女性上当受骗。

丹尼尔这个变态的骗子只用一部电话就能将几个人骗得团团转,从事一些违法的事情,这未免太过让人匪夷所思。可更令人惊讶的是,这部电影是根据真实案件改编的,也就是说这样荒唐的事情真实发生过,而且不止一起,在美国有30个州超过70起同类事件曾被报道过。

在电影的结尾处,律师事务所的人告诉贝基,她可以通过起诉桑德拉和快餐店获得赔偿。现实中的当事人通过起诉获得了600多万美元的赔偿。不论是电影还是真实事件,除了丹尼尔这样的变态骗子外,还有桑德拉这样的协同作案者,他们的行为更令人吃惊。

丹尼尔对桑德拉来说只是一个陌生人,而桑德拉作为店长,平常经常指使别人,似乎不管店内发生什么事情,一切都在她的掌控之中。可就算如此,她还是服从了丹尼尔下达的种种不合理,甚至是非法的指令，例如让未婚夫监视赤身裸体的贝基，为贝基进行身体检查。

对于桑德拉来说，尽管她与贝基关系不和，但她和贝基共事了很长时间，彼此之间相互了解。可在贝基向她求助的时候，桑德拉却表现得冷漠无情，她宁肯相信电话那边陌生人丹尼尔的话，按照他的指令去做，也不去理睬贝基的求助，为什么会这样呢？只因为她觉得对方是警察。事后桑德拉在接受一个访谈节目的采访时表示自己也是受害者，而且贝基所做的一切纯属自愿，她对贝基没有任何歉意。

警察作为执法机构的代表，具有一定的权威，而在权威面前，人们的态度通常倾向服从，哪怕是放弃道德底线。在权威面前，大多数人都会本能地配合和服从，甚至做一些逾越常理的事情，因为服从会为他们省去许多不必要的麻烦。

贝基与桑德拉一样都是轻易向权威低头的人，贝基为了服从权威不仅放弃了道德底线，甚至连自己的权利也放弃了。否则当丹尼尔命令她脱衣服检查的时候，她就该拒绝。事后，当有人问贝基当时为什么没有拒绝时，贝基回答说："我不知道，我只知道自己必须这么做。"

人在做决定的时候很容易受到情绪、权威、社会规则等因素的影响，当贝基和桑德拉面对警察这样的执法权威时，他们会和大多数人一样丧失最基本的自我反思能力，会变成傀儡，任由对方支配，哪怕已经损害到了自身的利益。这源于人类对权威的恐惧。而

第五章 让我们彼此相连——同理心

且丹尼尔这个假警察一直在强调自己的警察身份,这给贝基和桑德拉的心理带来了巨大的压力。在权威之下,对每个人来说最简单、最轻松的做法就是服从。

人们在服从权威的时候会丧失自我,不再将自己看成一个独立的个体,也会主动将思考的权利让出,成为权威的授权者或化身。这样一来,人们在服从权威行事的时候就会容易得多,因为他们认为自己是在按照命令行事,不必为自己的行为负责。一旦消除了责任感,人们在按照权威做坏事的时候,就更容易说服自己。例如桑德拉在访谈中表示,她自己也是受害者,并且对贝基毫无歉意。

同理心在对上权威时,很容易败下阵来,大多数人在选择服从权威时,会自动将自己的感受、道德判断关闭,这样他们在按照权威的指令做事时才不会痛苦,不会因为认知失调而焦虑。贝基作为一名受害者,她的同理心功能关闭了,否则她不会不在意自己的感受,按照假警察的命令将衣服脱掉。当她遭受猥亵,甚至是性侵时,她也没有觉得自己遭到了侵犯,因为她已经不在意自己的感受了。桑德拉作为协同作案者,如果她的同理心没有遭到权威的压制,她就不会在贝基向她求助时表现得那么冷漠,也不会对假警察的命令唯命是从。每当贝基、桑德拉出现犹豫时,假警察就会表示这是警察的工作,是必须履行的程序,这会给两人造成对方只是在执行规范的假象。而且假警察在下令时显得斩钉截铁、没有丝毫犹豫,具有十足的权威性。

大多数人会选择服从权威,放弃自己的同理心,是因为我们从

共情力与同理心

小就生活在一个被教导要服从权威的环境中,例如我们从小就必须听从父母、师长的意见,否则就会被批评或遭受惩罚。长大后,我们身处的社会也在时刻教导我们要服从权威,因为对抗权威往往会带来许多不必要的麻烦。在这样的环境的影响下,我们轻易地将服从权威内化成自身的一部分,轻易地向权威低头。

不过并非所有的人都会盲目地服从权威,例如电影《服从》中的修理工,他没有因为对方的警察身份而放弃自己的同理心,他知道警察的命令是在侵犯贝基的权利,并表示自己不能按照警察的命令去做,因为这是不得体的事情。对于一个愿意在权威面前保持同理心的人来说,他不会盲目地顺从权威,而是对权威进行思考,判断权威的命令是否得体,是否违背道德、法律。

阻断情感反应的距离

第二次世界大战期间，纳粹屠杀了将近600万犹太人，这种大规模的屠杀不仅仅是依靠纳粹完成的，其中有数十万普通德国人充当了共犯。但在战争结束后，这些人并未以战争罪被起诉，因为他们当时只是在工作，在执行任务，他们只负责了整个流程中最微小的一个环节，也就是说他们并未直接进行大屠杀。他们都是相当普通的人，与我们没有什么两样。

阿道夫·艾希曼作为屠杀犹太人的主要设计者之一，在接受审判时提到了他和同僚如何设计整个屠杀流程，甚至连细节都考虑到了，例如如何让运送犹太人的列车能够按时抵达集中营。对于大部分普通德国人来说，他们只是在完成工作而已，所以他们从来不会问为什么要这么做。

艾希曼等人设计了一个杀人链条，这个链条上的每个德国人都参与了屠杀，但没有一个人需要对这项严重的犯罪负全面责任，因为他们只是参与了其中的一个环节而已。他们当中很多人的工作看起来都平平无奇，例如有的人只是将所在辖区内的犹太人统计造册，然后交给上级，他没有抓捕犹太人，也没有进行屠杀，只是按照上级的要求将名单交了出去；有的人的工作是进行抓捕，按照名

共情力与同理心

单抓捕,然后将犹太人送往火车站;有的人的工作是将犹太人送上火车,至于犹太人会被送往哪里,他们并不关心,也不想知道;有的人的工作只是开火车,将一列车的犹太人送往指定地点。直到最后一个环节,有人将犹太人驱赶到一个封闭的空间内,然后打开淋浴器,放出里面的毒气。所有参与屠杀犹太人的普通德国人所做的一切工作看起来都再正常不过,根本没有严重到该受惩罚的地步,他们也不必内疚,可这一个个微不足道的工作构成了大屠杀这项十分严重的罪行。

我们的同理心会因空间距离受到影响,当受害者距离我们很远时,他对我们来说就是一个抽象而遥远的人,他的痛苦我们就无法充分地感同身受。相反,如果受害者在我们面前受苦,我们目睹了受害者的痛苦,这一视觉线索就会激发我们的同理心,使我们更加充分地体验到受害者的感受。如果艾希曼下达的命令是让每个德国人亲手杀死一个犹太人,那么将会有很多德国人难以执行这项命令,可艾希曼将整个大屠杀设计成一个环环相扣的过程,这给每个参与的德国人减少了相当多的心理冲击,他们的同理心因为距离,因为看不见犹太人被害而无法被激发,毕竟杀死犹太人对他们来说太过遥远了,他们只是需要一份工作来养家糊口,如果不执行整理名单、开车之类的命令,他们就会面临着失业。

因为遥远的空间距离,对方于我们而言就是陌生人,我们看不到对方,无法感受到对方的痛苦,也无法看见自己的行为给对方带来了怎样的影响。例如因为我们的同理心被空间距离所阻碍,我们

第五章 让我们彼此相连——同理心

常常会漠视偏远地区贫困儿童的困难，不愿意捐款。

相对于陌生人，我们更容易对家人、朋友产生同理心。我们的同理心会因为关系的亲疏而变化，我们能轻易地感受到家人、朋友的痛苦，对他们感同身受，去理解他们，然后是熟人、邻居，最后才是与我们毫不相干的陌生人。对于那些距离我们的生活十分遥远的陌生人，我们几乎无法对他们产生同理心，因此在他们遭遇不幸时，我们通常会表现出事不关己的冷漠。

我们的同理心除了会受到空间距离的影响外，还会受到社会距离的影响。人们倾向于抱团，将那些与自己有着相似教育背景、相同宗教信仰的人视为"自己人"，认为自己和他们属于同一个团体，对于团体内的成员，我们更容易产生同理心。相反，我们也会因为社会距离，将对方视为异类，在产生同理心的时候就会受到阻碍。

电影《女狙击手》中的女主角柳德米拉·帕夫利琴科是个神枪手，她的父亲是名军官，一直将帕夫利琴科当成一个男孩来培养。帕夫利琴科从小就展现出了过人的射击天赋，在和男孩一起用弹弓打鸟时，她比男孩们打得还准。后来帕夫利琴科加入了射击俱乐部，射击技术越来越好。对于帕夫利琴科来说，她不必上战场，也没有人逼她参加战争，但帕夫利琴科坚持参战，或许她希望得到父亲的夸赞，也或许她低估了战争的残酷性。

因为狙击天赋，帕夫利琴科在军中名声大噪，她在第一次参战时就凭借自己沉稳的性格和高超的狙击技术成功地摧毁了敌方的一

共情力与同理心

辆坦克，立下大功。战场不光给帕夫利琴科带来了荣耀和立功的机会，还有难以忍受的残酷，她能够一次次地与死神擦肩而过，是因为战友的牺牲，其中就包括她的三个恋人。

帕夫利琴科的第一任恋人是一名上尉，两人在执行任务时萌生了爱情，但他因为救帕夫利琴科而死。帕夫利琴科还得到过一名军医的爱慕，当时战争就快结束，他们即将登上撤离的船，但军医将自己的船票让给了帕夫利琴科，他留下来掩护撤退，却没能再回去。战争让帕夫利琴科夺走了许多人的生命，但也无情地夺走了她的恋人，或许最初主动参战的帕夫利琴科从未想到战争会给自己带来如此巨大的痛苦。她在 58 岁时去世，留下了这样一段墓志铭："痛苦如此持久，像蜗牛充满耐心地移动；快乐如此短暂，像兔子的尾巴掠过秋天的草原。"当帕夫利琴科与战争保持着一定的空间距离时，她无法想象战争的残酷，所以她义无反顾地主动奔赴战场，想要获得一分令父亲骄傲的荣耀。可当她了解了战争的残酷性后，她已经无路可退，她无法忘记战争带来的阴影，也不能忘，否则就是对在战争中死去的战友和恋人的背叛。

战争结束后，帕夫利琴科成了苏联的女英雄。后来帕夫利琴科作为苏联英雄受邀去美国白宫，她这样的女英雄自然会得到许多人的注意，美国第一夫人好奇地问她是什么兵种，帕夫利琴科说她是一名狙击手。第一夫人难以置信地说："一个女人，还是一名狙击手，你到底杀死了多少男性敌人？"帕夫利琴科面无表情地回答说："309 个。"当帕夫利琴科说出这个数字时，她成功地引起了

第五章 让我们彼此相连——同理心

美国媒体的轰动,许多摄像机对准了她,有的人问她:"杀人到底是什么感觉?"帕夫利琴科坚定而冷静地说:"我杀的不是人,是法西斯。"第一夫人对帕夫利琴科十分有兴趣,为了更多地了解这个传奇女英雄,她要求帕夫利琴科入住白宫。第一夫人在和帕夫利琴科生活了一段时间后发现,帕夫利琴科看起来是个满身荣耀的女英雄,却承担了沉重而不为人知的伤痛。

帕夫利琴科能开枪射杀那么多德国人,是因为社会距离,她不将对方视为自己人,而是应该消灭的法西斯。对于帕夫利琴科来说,她不会对法西斯产生同理心,也不会因射杀了309名德国人而愧疚,这是因为社会距离使她无法与这些和自己相差太远的人产生同理心。当一个人面对自己所属团体以外的陌生人时,他的同理心功能就会关闭。在帕夫利琴科射杀了一名德国军官后,她面无表情地来到了他的尸体旁边,这对她来说是再正常不过的事情,这名德国军官不是她射杀的第一个人,也不会是最后一个,因此她的内心毫无波澜。但这时她发现了一张照片,这是一张结婚照,上面是德国军官与他穿着婚纱的妻子,看到这张照片时,一直面无表情的帕夫利琴科眼里泛起了泪花。这一刻她对死去的德国军官产生了同理心,她开始将对方视为一个人,而不是法西斯,意识到他和自己一样也是个饱受战争之苦的人。

在一项实验研究中,实验者将被试分为两组:自家人组和外人组。自家人组的被试都是曼联球迷,他们支持曼联这一支足球队,而外人组的被试则由其他不同球队的球迷组成。实验中,自家人组的被试的同理心更为强烈，当有组员需要帮助时，其他的组员更愿意伸出援助之手；而在外人组中，被试的同理心就显得微弱了许多，当组员遇到困难需要帮助时，其他组员通常不会理会，而是继续观看足球赛，有的组员甚至还会幸灾乐祸。

这个实验结果说明人的同理心很大程度上取决于对方是否是"自己人"。如果一个人对周围的人有更强的认同感，认为自己和他们属于同一个团体，将他们视为"自己人"，那么他的同理心能力就会发挥作用，他在对方遇到困难时，更可能表现出有同理心的一面，更能理解对方的感受，也更愿意伸出援助之手。相反，当我们认为对方不是"自己人"时，我们的同理心能力就会被抑制，就更有可能表现出冷酷无情的一面。

人们更容易对自己人产生同理心，有一定生理因素的影响。当一个人处于自己人的团体中时，他体内就会出现微妙的化学变化，会自然而然地分泌出更多的催产素。催产素和多巴胺一样能让人产生美好的感觉，它还被称为"爱的元素"。在催产素的影响下，人类更容易对他人产生信任，也会变得更加友善，更容易激发出同理心能力。

一个人容易对自己人产生同理心是再正常不过的事情，自己人能为他提供社会支持和心理支持，这都是我们每个人的本能需求。但人的认同感并非一成不变，它无法永远保持一致性，这意味着我们的认同感可能会遭到人为的操纵，也就是说我们的同理心功能会成为某些心怀恶意的人利用的工具。

第五章 让我们彼此相连——同理心

想要对一个人产生同理心，我们就必须在心中唤起自己的情感反应，只有这样我们才能对对方的经历感同身受。但空间距离和社会距离会阻断情感反应的唤起，因此我们在进行同理心想象、设身处地为他人考虑时，必须克服空间距离和社会距离所带来的阻碍，只有缩短了空间距离，且消除彼此之间的隔阂，我们才能更容易进行同理心想象。

此外，我们的同理心能力还会受到可识别受害者效应的影响。所谓可识别受害者效应就是指，如果我们得知一个活生生的、具体的例子，例如一个人的名字、年龄、性别、家庭情况等，然后将他所遭遇的困难具体化，那么他的经历就更能激发我们的同理心，我们就更愿意捐款和救助他。相反，如果我们面对的是一个统计数据，在面对抽象化的数据时，我们就会变得更冷漠，无法想象出数据背后是更多的受苦者，我们在捐款时也会变得吝啬起来。也就是说，我们的同理心更容易对具体的人物或事情产生反应，人物或事情越具体、越与我们的经历贴近，我们的同理心就越容易被激活。

在一项实验中，实验者将被试随机分为三个小组：控制组、煽情组和不煽情组。三个小组都有一个任务，就是决定给一个工人分配怎样的工作，工作包括两种：奖励性工作和惩罚性工作。实验结果显示，控制组和不煽情组的被试在给这个工人分配奖励性工作和惩罚性工作时，所做出的选择各占一半。

在煽情组实验开始后，他们除了要了解这次的实验任务，还会被额外要求阅读一段工人日记。这是一段充满了情感色彩的日

共情力与同理心

子,工人在日记中记录了自己的生活,包括与女友分手、心情低落等细节。在最终做决定的时候,这组的被试更倾向于给这位工人安排奖励性的工作,这与控制组和不煽情组的实验结果形成了鲜明的对比。

这项实验结果充分说明我们的同理心会受到可识别受害者效应的影响。煽情组大多数被试会选择给工人安排奖励性的工作,就是因为阅读了工人的日记,这份日记让工人这个形象变得更具体化,不再是个抽象的工人。

在另一项实验中,实验者安排了煽情组和不煽情组两组。被试被告知,现在有一个名叫谢里的小男孩,他身患重病,急需被送往急救室抢救,否则就会面临生命危险,可在谢里之前还有许多病重的孩子在排队等待抢救。现在被试有一项权利,决定是否让谢里插队立刻接受治疗,谢里的插队自然会给其他排队等待救援的孩子造成不便,他们需要等待更长的时间才可能接受治疗,而等待可能会危及他们的生命。

不煽情组的被试所得到的信息只有上述实验者告知的这些,而煽情组则被安排观看了一小段谢里的录像,他们对谢里的病情有更直观的体会。这段录像影响了煽情组许多被试的决定,与不煽情组相比,煽情组的被试更倾向于让谢里插队立刻接受治疗。这段录像使得谢里与其他患者相比显得更具体,被试通过录像了解了谢里所面临的困境,被试的同理心被这种直观的体验激发出来,他们对谢里产生了同理心,想要帮助谢里战胜病魔,却忘记了那些排队等待

第五章 让我们彼此相连——同理心

医治的病患和谢里一样也饱受病痛的折磨。

可识别受害者效应显示出了同理心的一些特点,但同时也暴露了同理心的缺陷所在。一旦有人利用可识别受害者效应,那么他就可以做到操控人们的同理心能力,以满足自己的私利。

同理心的局限

同理心是一种站在他人角度看问题的能力，与人性自私的内在驱动力一样，同属人性的一面。以前，人们总在强调人性中自私的一面，认为只有竞争才能促进人类社会进步。人是自私的，这一观点被大多数人所接受，并成为主流观点。但近年来，同理心开始渐渐取代了人性自私的观点，我们开始相信同理心是人类与生俱来的理解他人感受的能力，可以让我们的生活更美好，也有利于工作，例如福特公司就在利用同理心优化、改良产品，使客户更加满意。

福特公司考虑到驾驶员可能会是怀孕的女性，她们在驾驶汽车的过程中，会因怀孕的不适感遇到很多困难，于是就要求工程师们试穿一种怀孕模拟服，做到从孕妇的角度理解怀孕的不适感，例如背痛、膀胱压迫感、额外负重15公斤等。工程师们在体验的过程中发现，以前的驾驶座位的设计会给孕妇带来许多不便，例如四肢受限、姿势和重心改变、身体不够灵活等。

在体验了一段时间的孕妇生活后，工程师们设计出了能为孕妇提供足够舒适度的驾驶座椅，这无疑提高了孕妇们的用户满意度，也为福特汽车提高了销量。后来工程师们开始准备体验高龄模拟服，想要从老年人的角度去体验驾驶的不便，例如视野模糊、关节

第五章 让我们彼此相连——同理心

僵硬等。

其实不只福特公司在重视同理心方面做了许多工作，许多工程或产品开发领域的工作人员也发现了同理心的重要性。同理心可以帮助一个人获得影响力，可以帮助一个人判断对方的诉求，也可以协助一个人巧妙地与社交媒体粉丝进行互动。总的来说，同理心会给我们的生活、工作带来种种好处，而同理心受损，会影响我们对他人的理解。但同理心也存在局限性，如果无法认清同理心存在的种种局限，那么同理心就会给我们带来麻烦。

我们要认识到同理心并非一项取之不尽用之不竭的能力，它是一项需要耗费大量认知资源的能力，需要我们投入注意力。我们在试图理解他人的时候必须时刻保持专注，这意味着如果长时间地使用同理心能力，我们的认知会处于高负荷的状态，从而出现同理心疲劳。这会给我们的心理带来巨大的压力，导致我们不愿意再理解他人的意愿和能力，或者是出现慢性职业倦怠。因为许多人的工作需要投入同理心，同理心对他们来说是日常工作的基础，例如医护人员、心理咨询师等。一项调查显示，如果一名护士出现了同理心疲劳，那么他会出现旷工、给药差错等行为，而且离职的概率会明显增加。

与护士一样，在慈善机构等非营利组织工作的人也属于同理心疲劳高危人群，他们的工作需要消耗大量的同理心，而且他们的工作本身就需要高同理心，而他们的报酬通常会很低，因此他们主动离职的概率极高。此外，非营利组织的工作人员经常遭受公众的质

共情力与同理心

疑,在公众的刻板印象中,非营利组织不能和盈利挂钩,工作人员必须自我牺牲,甚至有人认为他们不应该获得报酬。

管理者和客服人员也会面临同理心疲劳的问题。管理者必须对员工产生同理心,然后才能了解他们的感受和想法,帮助他们战胜职业倦怠,有效地激励他们,从而达到提高工作效率的目的。客服人员在面对焦躁的客户时,需要发挥同理心能力理解客户,从而安抚好客户的情绪。

凡是对同理心能力要求过高的工作都容易导致人们出现同理心疲劳的状况,因为他们每天的工作都会消耗掉自己大量的认知资源,久而久之他们就会因同理心的消耗而感到焦虑。而且对他人产生同理心并不意味着要牺牲自己的需求,否则会导致过度使用同理心的出现。

同理心疲劳属于同理心局限的一种,过度使用同理心能力会导致我们的精力和认知资源被消耗掉,我们会越来越少使用同理心,甚至不再对他人产生同理心。例如一个人的工作要求高同理心能力,他在工作中过度消耗了同理心,理解了客户、同事,就无法在家中也做到如此,给家人的同理心就会变少。

在一项调查研究中,研究者调查了八百多名来自不同行业的人,了解他们在工作和家庭中如何分配同理心。调查结果显示,一个人如果感觉自己在工作中过度使用同理心,经常倾听同事、客户的意见,理解他们,那么他回到家后就无法做到理解家人,总觉得对家人缺乏耐心,与家人的感情欠佳,而且他总感觉工作会给自己

第五章 让我们彼此相连——同理心

带来心理上的压力，成为一种负担。

为了避免同理心疲劳，人们很容易出现同理心"分配"行为，即更容易与"自己人"产生同理心，对待"外人"则会同理心不足。日常生活中，我们会自然而然地用更多的时间和精力去理解家人、朋友、同事，了解他们的需求，表达出自己对他们的关心，这会使你与亲近的人之间的联系变得更紧密，同时也意味着你没有多余的精力和时间来对"外人"产生同理心，你与"外人"建立关系的需求也会被削弱。

选择性地使用同理心在保护我们免受同理心疲劳困扰的同时，还会带来许多麻烦，例如更加理解自己人会被视为偏袒行为，其他人会产生不公平感，从而感到不满，还可能产生敌意。

在一项实验中，实验者将被试分为两组：自己人组和陌生人组，自己人组的被试之间都是朋友，他们彼此之间更能激发出同理心，而陌生人组则是由陌生人组成，他们彼此之间不认识。在接下来的实验中，实验者会对恐怖分子进行一番描述，然后问被试是否同意将恐怖分子视为次等人，是否同意在逮捕恐怖分子后，对恐怖分子施加水刑、电击等折磨性的惩罚。实验结果显示，自己人组的人更愿意折磨恐怖分子，更愿意将其非人化。当我们与朋友待在一起时，我们更愿意将同理心分配给朋友，因此在如何对待恐怖分子这一负面印象的群体的问题，我们会各啬于同理心的分配，并不愿将恐怖分子视为和我们一样的人。

在现实生活中，上述实验中的现象也十分常见，恐怖分子虽然

共情力与同理心

距离我们甚远,但同理心分配的现象却涉及我们生活、工作的方方面面,例如当我们将同理心分配给经常和自己一起工作的同事时,我们就更容易对不属于自己团体的同事产生敌意,而这会使我们丧失跨部门、跨组织合作的机会。

同理心还会导致我们道德判断出现失误。如果一个人属于一个团体,且对团体内的成员有十分强烈的认同感,那么他对团体的极端忠诚就会导致他将团体的利益视为自己的利益。当团体成员犯错时,他会选择视而不见,甚至会帮助团体成员说谎、作假、掩饰。例如在一个部门中,如果所有成员都对这个部门极端忠诚,将同事视为家人般的存在,那么他对同事所产生的同理心就会影响他的道德判断,当同事犯错时,他不会愿意举报,甚至会帮助同事掩盖错误。

在一个团体内,集体归属感越是强烈,个体之间的依赖性就越强,他们就越能理解彼此,但同时也会使他们对错误行为表现出十分宽容的态度。这种宽容的态度会削弱每个人的责任感,使人们将责任都推卸给集体,而不是犯错误的个体。也就是说,对自己人的同理心会使我们丧失公正意识,无法做到一视同仁。

当我们面对同理心疲劳、同理心分配、道德判断失误这些同理心的局限时,我们该如何做才能避免被同理心局限干扰,从而避免同理心局限给我们带来的负面影响?我们应该从以下几个方面着手:

首先,我们要正确认识同理心带来的心理压力。想要避免这种心理压力,我们就必须学会摆正自己的心态,不要只在意自己的利益,也不要牺牲自己的利益成全他人,而是找到双方的共同利益,

第五章 让我们彼此相连——同理心

从而达到双赢。这一点与商业谈判十分相似,在商业谈判中,如果双方固守各自的利益,那么双方就会因为对抗心理而无法做到相互理解,谈判无法进行下去,就会出现谈崩的情况。而如果我们一味地牺牲自己的利益,那么这场商业谈判对己方来说也是失败的。想要促进谈判的成功,我们就必须找到共同利益,双方都做出让步。

同理心也是如此,理解是相互的,你不能一味地理解对方,满足对方的需求,对方也应该对你产生同理心。你在发挥同理心能力的同时,也在享受同理心给自己带来的良好感受和利益。

其次,给自己喘息的空间。同理心能力虽然会被消耗掉,但也会恢复,这与我们的精力十分相似,我们需要让自己的同理心休息一下。例如一个人如果在非营利性组织内工作,他在工作中需要做到理解和应对他人的需求、利益和欲望,这个过程会使他消耗掉大量的认知资源。为了避免同理心疲劳情况的出现,他就必须抽出时间考虑一下自己,让自己的同理心得以喘息,在此期间只关注自身需求、利益和欲望,一段时间后他枯竭的同理心能力就会恢复,他也能够更好地理解和回应他人的需求。

最后,我们要学会直接沟通。当你想要做到理解他人时,最好、最简洁的方式就是直接与对方沟通,而不是揣测对方的感受,因为无端的揣测不仅会消耗掉你的许多精力,还会使你误入歧途,对他人的感受产生误解。此外,直接沟通还能为我们的心理减压,减轻心理负担,做到正确地理解对方的感受。

第六章 挑战错误的认知——同理心的疗愈作用

打开自我察觉之门

"火柴人"是一个美国俚语,主要是指能让人掏心掏肺外加掏钱的骗子。一个厉害的火柴人,即使只有一盒火柴,他也会通过十分高明的骗术让火柴的效能远远超过它本身所拥有的功能,从而让许多人拿着现金抢着购买火柴。

在电影《火柴人》中,罗伊·沃勒就是这样骗术高超的骗子,他不仅聪明而且大胆,利用人们爱占便宜的心理获得了大量的不义之财。罗伊的骗术也一直在不停地变化着、翻新着。

如果说行骗时的罗伊沉着冷静,那么独处时的罗伊就会变得十分失控,失控到无法控制自己的精神状态,只能依靠药物。除了行骗外,罗伊几乎不出门,他拒绝一切户外活动,拒绝阳光,每次去超市购物时都会戴着深色眼镜。罗伊还拒绝一双踩在地毯上的鞋子,拒绝掉落在游泳池里的两片树叶,如果看到泳池中有掉落的树叶,他就必须将其捞起来。

罗伊不仅有很严重的洁癖,还有强迫症,他无法忍受混乱的生活,必须保证一切井然有序,连开关窗户都得连续三次。此外,他还无法忍受自己置身于开放性的空间里,只能待在家里,因为家里的环境能够让他感觉一切都是可控的。

第六章 挑战错误的认知——同理心的疗愈作用

作为一个"火柴人",罗伊生活在一个充满谎言的环境中,他通过精湛的骗术获得人们的信任,却丧失了与他人建立正常人际关系的能力。他总是自我欺骗,认为自己的诈骗行为是一门艺术,他只是说服别人主动将钱给自己,没偷没抢,他理所当然地应该得到这些钱。可自我欺骗无法使罗伊骗过自己的良心,他内心深处知道诈骗钱财是一项极不光彩的行为,他一直在为诈骗承受内心的道德谴责。罗伊虽然得到了许多钱,但他并不快乐,反而更加孤独和空虚,所以他只能将自己封闭在一尘不染的家中,获得短暂的安宁。

弗兰克是罗伊的行骗搭档,他与罗伊完全不同,他对行骗没有任何负罪感,为了骗到更多的钱,弗兰克希望罗伊能去看心理医生。在一次行骗中,罗伊的精神状态差点儿让他们行骗失败。当时罗伊和弗兰克成功骗取了一个女人的信任,就在女主人打开门让两人进入家门时,罗伊看着打开的门突然失控,他好像突然从家里来到了外面,开始不安、焦躁,幸好弗兰克控制住了罗伊的失态行为。

在第一次看心理医生时,心理医生克莱因希望通过沟通能多了解一下罗伊的情况,可罗伊对谈话毫无兴趣,只想着尽快得到药,他认为吃药就会减轻症状。克莱因明知道罗伊有洁癖,还是故意将两只脚搁到桌子上,将沾满灰尘的鞋底对着罗伊,罗伊当然无法忍受,但为了得到药只能强迫自己忍受。克莱因这么做是为了了解罗伊的忍受底线,好在罗伊控制住了自己。

共情力与同理心

在之后的谈话中,克莱因了解到罗伊曾有过一段支离破碎的婚姻生活,在他和妻子离婚时,妻子已有两个月的身孕。最后克莱因给罗伊开了药,并告诉罗伊这是最新研发的药物,能够帮助罗伊减轻症状。事实上,这只是营养药,根本不是精神类药物。可神奇的是,罗伊吃了药后强迫性行为得到了缓解,不过他必须按时吃药,否则强迫性的症状就会加重。克莱因故意给他开假药,是因为他认为罗伊的强迫性行为并非病理性的,而是心理因素在起作用。

在第二次心理咨询中,罗伊向克莱因叙述了自己十多年前的感情生活,并在离开前向克莱因求助,他想让克莱因和自己的前妻联系,显然罗伊已经开始信任克莱因。与第一次参加心理咨询时不同,罗伊已经不再在意敞开的门和克莱因那沾满灰尘的鞋底,他不会为此感到不安、焦躁,因为他的注意力已经全部放在了表达内心的快乐和苦恼上。

事实上,克莱因是弗兰克的同谋,弗兰克一直想将罗伊手中的钱骗走,可他根本不了解罗伊,无从下手,所以找来克莱因帮助自己。克莱因从罗伊那里得知,罗伊和前妻有个孩子,根据这则信息,弗兰克设计了一场大骗局。

一天,罗伊失手将药瓶打翻,平时他全靠这些药物来控制自己,没有药物的罗伊开始焦躁不安,可当时克莱因正在外度假,他只能等克莱因回来。在接下来的几天内,罗伊发狂似的打扫房间,将每件摆设都擦拭得锃亮无比,每个角落的灰尘都清理了,这种生活让罗伊筋疲力尽,于是弗兰克为他临时找了一个心理医生。在治

第六章 挑战错误的认知——同理心的疗愈作用

疗过程中,罗伊意外得知自己和前妻有一个女儿,名叫安吉拉。

不久,一个名叫安吉拉的14岁女孩闯入了罗伊的生活,她让罗伊相信自己就是他的女儿。安吉拉的到来打乱了罗伊的生活,罗伊在不知所措的同时,开始享受和安吉拉的相处,他想要成为一个好爸爸,这段亲密而真诚的人际关系让罗伊感到快乐而满足,他产生了金盆洗手的念头。可罗伊不想让安吉拉知道自己是个骗子,他谎称自己是个古董专家。

然而纸包不住火,女儿还是知道了他的秘密。但当安吉拉知道罗伊是个骗子后,不仅没有嫌弃他,反而对骗术产生了极大的兴趣。罗伊当然不愿让安吉拉成为一个骗子,但经不住安吉拉的软磨硬泡,他终于答应带着安吉拉"出猎"。很快,罗伊就发现安吉拉在行骗上很有天赋,她很快就成为罗伊的得力助手。罗伊在欣喜之余也开始担心,他希望安吉拉能尽快收手,他不愿意女儿像他一样变成一个"火柴人"。于是在一次行骗成功后,罗伊呵斥安吉拉,让她把钱物归原主。

一次,罗伊和弗兰克精心设计了一场骗局,想要将一个富商装满了钱的箱子调包。可意外发生了,富商发现后一直追赶他们,幸运的是安吉拉及时出现,她当时正在礼品店给罗伊挑选礼物,在安吉拉的帮助下他们成功逃脱,只是礼品店的监控拍下了安吉拉的相貌。

这次意外让罗伊下定决心结束骗子生涯,他还想尽力争取到安吉拉的抚养权。这时,富商找上门来,当时罗伊正和安吉拉待在家中,三人发生了争执并扭打起来,混乱之中安吉拉开枪射杀了富商,罗伊为了保护安吉拉准备顶罪,于是让弗兰克带着安吉拉立刻离开。然后罗伊回到家中准备处理尸体,就在这时有人袭击了罗伊,罗伊丧失了意识。

等罗伊清醒后,他发现自己躺在病床上,旁边的警察正等着他交代安吉拉和弗兰克的下落。一心想要保护安吉拉的罗伊提出要见心理医生克莱因。罗伊将保险柜的密码偷偷告诉克莱因,嘱咐克莱因如实告诉安吉拉,保险柜里有罗伊的全部积蓄。

等克莱因离开后,罗伊躺在病床上等待法律的制裁。过了一会儿,罗伊开始觉得很热,他冲着门外喊道:"请打开空调。"但根本没人理会罗伊,罗伊只能下床去查看,等他打开房间后发现门外根本没有站岗的警察,而且他也不在医院,这只是一间看起来很像医院病房的普通房间。

罗伊去找前妻,从前妻那里得知她在离婚后没多久就流产了。这时罗伊才恍然大悟,他陷入了一个精心设计的大骗局中,弗兰克就是这个骗局的设计者,心理医生克莱因和安吉拉都参与其中,他们的目的就是将罗伊的百万财产骗走。罗伊一下子变成了身无分文的穷光蛋,他行骗十几年最后却落了一个人财两空的下场。

但罗伊并没有因此消沉,他决定金盆洗手。这次的遭遇让他明白了自己真正想要的幸福是什么,他只想做一个平凡的好人。从此罗伊成了一个快乐的推销员,并和前妻复婚,过上了幸福的生活,他再也没有出现过强迫性的行为。

第六章 挑战错误的认知——同理心的疗愈作用

一年后,罗伊意外与"安吉拉"相遇,罗伊没有斥责和拆穿她,只是和以前一样与她聊天。临别前,"安吉拉"问他:"难道你不想知道我的名字吗?"罗伊说:"我已经知道你的名字了。"女孩愣了一下后笑着对罗伊说:"我还会来看你的,爸爸。"

在影片的结尾处,罗伊回到了家中,他的妻子正在厨房忙碌,餐桌上摆放着饭菜,罗伊从背后抱住了妻子,并慢慢俯身去倾听妻子肚子里胎儿的心跳声。

罗伊会被强迫性行为和洁癖所困扰,是因为他承受着很大的压力和痛苦。他以为自己需要大量的金钱,于是他去行骗,通过精湛的骗术得到了许多钱,他将这些骗来的钱存到一个保险柜里,密码只有他自己知道,这是他最为看重的东西。可他内心深处却知道行骗是错误的,这导致罗伊无法获得快乐,他一直被种种心理问题困扰。当罗伊遇到了心理医生克莱因和"女儿"安吉拉后,他与他们建立了信任、亲密的关系,这让罗伊的压力减轻了许多,他不再被心理问题困扰。最终罗伊虽然意识到自己被骗了,但同时他也明白自己真正需要的是什么。

在现实生活中,我们许多人都像罗伊一样,被巨大的压力和痛苦困扰,过度关注自我,无法与他人建立信任的关系,在工作、生活中缺乏同理心,没有能力接受同理心,也无法给予他人同理心,尤其缺乏一段亲密关系。这只会使我们的压力越来越大,生活得越来越痛苦。

罗伊曾经是个失败者,十多年前的罗伊失业、酗酒,喝醉后

共情力与同理心

的罗伊总是变得很暴力,不堪忍受的妻子只能选择离婚。妻子离开后,罗伊开始一个人独自生活,他意识到金钱的重要性,成了一个骗术精湛的人,赚到了很多钱,还有了一个搭档弗兰克,可他并不信任弗兰克。

当罗伊和克莱因这个假心理医生建立同理心后,他开始向克莱因倾诉自己的心事。他向克莱因表达自己的过程,其实就是一个更加准确地了解自己的过程。例如在第二次心理咨询中,罗伊谈起了自己过去十多年的感情生活,还恳求克莱因给自己的前妻打电话,罗伊渴望重拾这段感情,渴望建立一段亲密的关系,有妻子、孩子,只是罗伊此时并未意识到自己内心的渴望。直到他知道这一切都是骗局后,他才真正了解了自己内心的渴望。其实就算这不是一场骗局,罗伊也会在和安吉拉的相处中渐渐了解自己真正想要的是什么,从而金盆洗手,因为自从罗伊和安吉拉在一起后,他不止一次想要结束骗子生涯。

当我们与他人产生同理心后,彼此之间就会建立信任,这种信任的关系会促使双方进行真诚的交流,当他人向你表达自己时,你能带着同理心耐心地倾听,更加准确地感知对方的需求。当然这种建立在同理心基础上的交流是互惠式的,你也会从对方那里接受关心。

克莱因虽然是个假心理医生,但他却做到了一个心理医生应该做到的倾听,他的本意是想通过认真倾听了解罗伊的渴求,从而协助弗兰克设计一场骗局,但他的认真倾听却促使罗伊开始表达自己。在最初接受心理咨询的时候,罗伊并不想自我表达,他和许多

第六章 挑战错误的认知——同理心的疗愈作用

因为巨大压力而接受心理咨询的人一样，渴望能快速地减压，例如通过药物，只有这样他才能觉得好过一些。

但慢慢地，罗伊在与克莱因交谈的时候渐渐不再那么急功近利，他对快速见效的药物的需要不再那么急迫，他的节奏因为倾诉而缓慢下来。当罗伊将自己十多年前糟糕的情感生活表达出来后，他也就从中解脱了出来。

克莱因作为弗兰克的同谋，他心理医生的身份自然应该被质疑，但他却在心理咨询中与罗伊建立了同理心。如果罗伊无法从与克莱因的交流中感受到被理解，他们之间的交流没有同理心作为引导，那么罗伊就不会毫无顾忌地向克莱因表达自己内心的快乐和痛苦。罗伊对克莱因是十分信任的，当他面临着即将入狱的危险时，他第一时间想到的就是克莱因，并将保险柜密码如此重要的信息告诉了他，还嘱咐他一定要将密码告诉安吉拉，显然他将安吉拉也托付给了克莱因。

当罗伊感觉克莱因理解自己的时候，双方之间就建立了以同理心为基础的心理咨询关系，罗伊开始信任克莱因，并开始向克莱因倾诉心事。当我们感到自己被理解的时候，自我察觉就会被拓宽，我们会像罗伊一样对自己所面临的压力和痛苦有新的认识。同理心是自我察觉的开关，只有当同理心打开自我察觉之门后，我们才会重视自己的情绪、感受，并花时间了解自己内心深处的渴求，从而意识到亲密关系对自己的重要性。

如果罗伊在从克莱因那里拿到药后，就不再找他倾诉，那么他

共情力与同理心

永远也无法了解自己内心深处的渴求,他的强迫性行为只会因为药物的心理安慰作用得到暂时的缓解,他的痛苦不会因此而根除。在心理咨询中,心理咨询师如果想要和来访者之间产生信任,就必须让来访者感受到被理解,否则就无法建立成功的咨询关系。

我们的认知经常会被巨大的痛苦和压力扭曲,当认知被扭曲之后,我们就无法了解自己真正需要的是什么,我们往往以为自己想要的就是自己真正需要的,于是我们只会将注意力集中在表象之上,会变得痛苦而纠结。例如罗伊一直以为自己想要的是金钱,只有金钱能帮助他摆脱失业、酗酒的痛苦,于是他开始了行骗生涯,他精湛的骗术为他赢得了许多金钱,但他的痛苦和压力并未减轻,反而发展出了新的症状,从酗酒变成了强迫症。

如果我们能放慢自己的生活节奏,能够有一个人理解自己,那么我们就能察觉自己的真正需求是什么,并且花时间来处理自己的情绪和人际关系,对自己进行一个坦诚、正确的评估,从而展开一段有意义的关系,使压力和痛苦得以缓解。

同理心具有感染力,当你感觉到自己被理解的时候,体内就会分泌大量的催产素,这种分子机制是同理心产生的基础,会促使我们感知他人的情感信号,并对这些信号给予准确的解读和积极的回应,帮助我们正确地解读对方的面部表情和肢体语言。也就是说,在同理心的作用下,我们可以感知周围人的情绪、了解他们的需求,这会促进我们的人际关系产生良性循环。我们在被理解的同时会去理解对方,随着催产素的大量分泌,我们的同理心能力会越来

第六章 挑战错误的认知——同理心的疗愈作用

越强。

如果我们无法感受到同理心,或者感受到的同理心很少,那么我们体内的催产素分泌量就会减少。这会导致我们的同理心能力越来越弱,我们对自己情绪、感受的察觉力也会下降,以至于我们无法正确感知自己的情绪和需求,陷入过度的自我关注中,更加无法与他人产生同理心。

竞争观念造成的巨大心理压力

达尔文的进化论认为，地球上的生物会随着环境的变化而逐渐进化，从低级形态向高级形态逐渐进化是生命发展的必然趋势。通过对自然界的观察，达尔文还发现了食物链的现象，并提出了"适者生存""弱肉强食"的观点，这是他通过观察自然界动物的生存状态所提出的观念，属于丛林法则。当斯宾塞将达尔文的进化论和丛林法则套用到人类社会后，社会达尔文主义就诞生了。

这种丛林法则在强调竞争的社会中被广泛传播，人们将人类社会与自然界混淆在一起，将人生视为一场"你死我活"的竞争。电影《三傻大闹宝莱坞》中的印度皇家工程学院的院长就是这种思想的奉行者。

兰彻、法罕和拉加是印度皇家工程学院的学生，三人居住在同一间宿舍，很快就成为好朋友。在他们上学的第一天，有着"病毒"外号的院长维鲁拿着一个放着鸟蛋的鸟窝对新生们说："杜鹃从来不自己筑巢，它们只在别的鸟的巢里下蛋，等蛋要孵化时，杜鹃比其他鸟先挤破蛋壳，然后它们会把其他的蛋从巢里挤出去。竞争结束了，它们的生命从谋杀开始。这就是大自然，要么竞争，要么死。"

第六章 挑战错误的认知——同理心的疗愈作用

维鲁的理念十分简单,他严格奉行社会达尔文主义,认为人生就是一场不允许停歇的战斗,每个人都必须全力以赴才有可能干掉对手。他认为只有争夺第一才有意义,就像人们都知道第一个登月的人是阿姆斯特朗,却不知道第二个登上月球的人是谁。

维鲁十分喜欢比赛和竞争,他不允许任何人超越自己,就连骑自行车他也不允许别人在他前面。他把每天的计划精确到秒,每时每刻都在和时间赛跑,为了在课堂上节省时间,他甚至可以双手同时写字。每天下午两点钟,维鲁都会放着摇篮曲,休息 7.5 分钟,在此期间他的男仆会为他修剪胡子和指甲。

其实不止维鲁,绝大多数人都奉行社会达尔文主义,认为人生就是一场赛跑。每个人从出生起就必须为考试、谋生、消费、房子、车子去努力学习,只有努力学习才能考上好的学校,得到一份好的工作。法罕的爸爸就是这样想的——

从法罕出生的那一刻起,他爸爸就宣布:"我的儿子会成为一名工程师!"从那以后,法罕就必须努力学习,他的喜好从来不会有人关心,他十分喜爱摄影却无法得到爸爸的支持,因为爸爸认为摄影会耽误学习,于是他按照父母的期望努力学习,终于如愿考上了印度皇家工程学院。但法罕根本不喜欢工程学,他在学校的成绩很差,徘徊在倒数第一、第二,按照这样的成绩,法罕根本不可能顺利毕业。

拉加倒是十分喜爱工程学,但他肩上的压力太大了。拉加的父亲瘫痪在家,需要有人照顾,全家依靠母亲微薄的工资生活,他还有一

共情力与同理心

个姐姐，只因为家里无法负担一辆车的陪嫁，所以她迟迟嫁不出去。全家人都将希望寄托在拉加身上，希望通过拉加的努力改变生活，可这让拉加备感压力。他没有自信，对未来充满了担忧，他带着沉重的压力去学习，学习成绩也很差，和法罕一样徘徊在倒数几名。

兰彻是个与众不同的学生，他经常被老师赶出课堂，在老师眼中他是个无可救药的坏学生。可兰彻的学习成绩一直是第一名，这是令维鲁十分头疼的事情，维鲁很不喜欢这个另类的学生，他总是和学院墨守成规的教育理念叫板，甚至公开顶撞维鲁，可他优异的学习成绩令维鲁对他无可奈何。

按照学院的规定，每次考试成绩颁布后学生们都会按照排名一起合影，作为第一名的兰彻会坐在院长维鲁的旁边，位于合影的中间位置，而倒数第一、第二的拉加和法罕就只能待在角落里。合影时兰彻告诉维鲁，他认为这样的排名一点儿也不合理，学生的成绩就不应该公布出来，就好像你看病时，身体缺少铁，医生不会将你的病情公布出来，只会安排给你补铁。维鲁不认同兰彻的说法，他告诉兰彻，如果法罕和拉加继续和兰彻待在一起，那他们的学习成绩只会更差，到时候他们根本找不到一份好的工作。兰彻就和院长打赌，如果法罕和拉加找到了好的工作，院长就必须剃掉胡子。

查尔图是第二名，他是老师眼中的好学生，他拼命地学习，将所有的公式通过死记硬背印刻在大脑中，为了提高记忆力甚至不惜吃药，只是每次吃完药后他都会放闷屁，同学们便给他起了一个"消音器"的外号。查尔图和维鲁一样将人生视为一场竞争，为了

第六章　挑战错误的认知——同理心的疗愈作用

在考试中获得第一名，他一边努力学习，一边在考试前夜偷偷将色情杂志塞入同学的宿舍里。只是让查尔图苦恼的是，他一直未能超越兰彻，于是他一直将兰彻视为敌人，甚至在成年离校后还要和兰彻一较高下。

在一次醉酒后，兰彻说出了好友拉加和法罕学习成绩不好的根源，他说法罕根本不爱工程学，他应该去学摄影。拉加醉醺醺地问他："那我呢？我将工程学当成自己的情人，为什么还是学不好？"兰彻说他心里充满了压力，他已经被压力压得喘不过气来，如何能将心思都用到学习上。后来拉加和法罕调侃兰彻，说他也是个胆小鬼，不敢向皮娅（维鲁的女儿，她与兰彻在姐姐的婚礼上相识）表白。之后，兰彻等三人醉醺醺地来到了维鲁家，还翻墙进去向皮娅表白。熟睡中的维鲁被胡闹的三人惊醒，三人逃走了，并随意找了一间教室睡下。

第二天，暴怒的维鲁找到拉加，并让他在自己和兰彻之间做一个选择，要么他自己退学，要么揭发兰彻，这对拉加来说无疑是个两难之选。当时正好到了维鲁的午休时间，维鲁告诉拉加他必须在7.5分钟后做出选择。难以抉择的拉加从楼上跳了下去，幸运的是他并未失去生命，并在康复后对生命有了新的感悟，放下了过去的压力，决定重新开始生活。重整心态的拉加去参加了面试，并成功通过了面试。

同时法罕收到了著名摄影师的邀请，让他跟着去原始丛林学习野生动物摄影。原来兰彻背着法罕将他拍摄的动物照片寄给了这个

共情力与同理心

著名的摄影师,他很欣赏法罕,遂发出邀请函。但法罕面临的难题是他必须说服父亲,在兰彻的鼓励下,法罕决定将自己真实的愿望告诉父亲。

多年以后,法罕成了一名野生动物摄影师,拉加也有了一份满意的工作,但自从毕业典礼后他们再也没有了兰彻的消息,兰彻就好像人间蒸发了一样。其实不只他们,查尔图也一直在找兰彻,他想向兰彻证明自己的成功,他已经是一家大公司的副总裁,有豪宅、豪车,还有一个美丽的老婆。

三人一路找到了兰彻的家,但居住在豪宅里的兰彻却是另一个人。原来,兰彻的真名叫旺度,是一个富人家的已故园丁的孩子,他从小就喜欢读书,尤其对数学有兴趣。一天,旺度在做一道十年级的题目时被老师发现,老师将他带到富人面前,将事情的经过告诉了富人。富人是个暴发户,一直希望儿子能拥有高学历,于是他决定让旺度冒名顶替,以兰彻之名去上学,最后取得印度皇家工程学院的毕业证书后消失。

按照真兰彻提供的地址,法罕等人找到了旺度,此时的旺度是名小学老师,他办了一所学校。事实上,旺度还是一个拥有400项专利的大科学家,是查尔图和大公司争着要合作的对象。

在我们的社会中,我们和这部电影中的人物一样,从小被教导着认识竞争的重要性,被各种各样的竞争弄得"压力山大",例如常见的高期望。期望对每个人来说都是必不可少的,它为我们提供了前进的动力。当我们通过努力达到自己的期望时,我们的自我认

第六章 挑战错误的认知——同理心的疗愈作用

同感就会提升，成就动机也会得到满足，这会使我们产生良好的感受。可如果期望过高，期望就会变成巨大的压力。在完成过高期望的过程中，我们会发现自己已经很努力了，但就是无法达到期望，于是就只能被负面情绪困扰。而且期望应该建立在挖掘并实现自己潜能的基础上，而不是为了满足情感需求，否则不但成功不会带来喜悦，而且失望还会导致更大的压力。

法罕从出生起就被要求努力学习，于是他通过努力成功考上了印度皇家工程学院，这对他来说是个巨大的成功，毕竟连院长维鲁的儿子都没考上这所学院。但他似乎并不高兴，因为他来到这里并非是因为真正喜爱工程学，这不是他自己的期望，而是他父亲为他制订的计划，所以法罕不会因为这次成功而喜悦。来到这里后，法罕发现自己越来越难跟上课程，他的压力也越来越大。

很多人其实和法罕一样，按照父母的期望去努力学习、追求高收入，似乎只要有钱了就能证明自己的价值，能得到他人的爱、尊重，最终获得幸福，于是我们期望自己有更多的钱，给自己设置一个个目标。可这会使我们过着非常高压的生活，无法与他人建立真诚而亲密的关系，也就无法获得幸福感。

我们幸福水平的高低与期望无关。我们总是通过努力实现别人的期望来获得尊重与快乐，当期望实现的时候，我们的确会感受到快乐，但这种快乐通常很短暂，为了再次获得快乐，我们会为自己设置一个新目标，然后朝着这个目标努力，实现后再感受快乐。可当目标无法实现时，我们会体会到更大的失望且面临着更大的压力,因为这意味着我们失去了他人的爱和尊重。

事实上,个人的幸福感与人际关系密切相关,如果你能与家人、朋友保持信任、亲密的关系,那么你所获得的幸福感就会是持续性的,不像是完成期望时感到的强烈但是短暂的喜悦。如果想要得到他人的尊重和爱,我们就必须学会接受和给予同理心,将自己善解人意的一面表现出来,同时要获得对方的理解与支持。法罕说服父亲答应自己去学习摄影时说,他十分理解父亲为自己设置一个工程师的人生目标,可那只是父亲理解的幸福人生,而他只想学习摄影,而且法罕还向父亲保证他绝对不会用自杀作为威胁,因为他不想伤害父亲。最终法罕和父亲相互理解了对方,都得到了对方的尊重和爱。

巨大的压力会使我们长期陷于自我否定和自我贬低之中。每个人的内在自我都有一套评价系统,这套系统不仅用来评判他人,同时也评判着自己,犹如一个监察者,时刻注意着自己的一举一动。每当我们无法完成期望或承受着巨大的压力时,我们的自我评判就会认为自己太糟糕了,从而使自己陷入负面自我评判的思维中。

一个经常自我否定和自我贬低的人不会发现自己身上的闪光点。他会觉得自己毫无价值、一无是处,也会将自己的失败、错误牢记在心中,并反复回想,否定自己的价值,即使那些失败和错误并未给自己的生活带来任何重大的影响。

这种消极的自我评价往往导致我们无法正确、客观地认识自己,在与他人交流时会将对方的回应过度解读成对自己的否定和贬低,从而影响我们的人际交往。这其实只是一种固化的对自我的消

第六章 挑战错误的认知——同理心的疗愈作用

极认知，是在自己不断重复和加强对自我的否定中形成的，这种消极的自我认知会给我们的生理、心理和社会关系等方方面面带来负面的影响，最终使自己淹没在负面情绪的洪水之中。

一方面，是心理上的影响。一个经常进行自我否定的人，他的精神状态必然会遭到削弱，他的精神和情绪会出现衰退和麻痹，使他被一种内在的软弱、疲惫和无力感困扰，从而无法感受到真正的快乐和幸福。心理上的影响会使一个人的内在驱动力变得微弱，进而导致其身体健康和行动力出现问题。

精神状态对每个人来说都十分重要，它是身体和行动的活力源泉。当一个人的内心变得枯竭和荒芜的时候，他的健康就会出现问题，行动力也会渐渐消失。

另一方面，是社会关系的影响，自我否定的人无法展开人际交往，因为他害怕被人否定，即使对方做出的只是普通的回应，也会被他扭曲成否定。为了避免否定带来的羞耻感，他会开始回避人际交往，将自己孤立起来，这使他难以与他人建立有效和支持性的关系，进而变得越来越孤独，渐渐陷入抑郁的情绪之中。

此外，一个总是否定自我的人还很容易陷入一段不健康的亲密关系中，一边自我否定，一边接受对方的贬低，只有这样他才能形成自我认知上的统一。其实在人际交往中，互动和影响是由双方决定的，当我们对自身的评价就是否定时，我们自然就无法得到对方的尊重和爱，更无法产生同理心，对方对自己的态度只会更恶劣，这源于我们对自身价值的否定。

社会支持的强大疗愈力

电影《比利·林恩的中场战事》的主角林恩是被社会边缘化的一个人,俗称"废物",他因为砸了别人的豪车,为了不被起诉,他只好选择参军,被派往伊拉克前线打仗。其实林恩一家人都是被社会边缘化的一群人,经常做各种各样违法乱纪的事情。驻扎在伊拉克的美国军队中,几乎每个人都和林恩类似,在社会中都是废物。

一次意外使林恩成了美国的英雄人物,那是一场普通的遭遇战,林恩为了营救班长,陷入了危险之中,他只能在战壕中和敌人展开近身搏斗,最后杀死了敌人。这一幕被记者拍摄下来并上传到网络上,引起了广泛的关注,点击率非常高,林恩一下子成了人们心中的英雄人物。在回国安葬班长的时候,林恩等士兵接到了一个表演任务,他们需要在德州橄榄球赛的中场进行表演,尤其是林恩这个英雄将会备受瞩目。

此时的林恩得到了形形色色的人的崇拜,他们向林恩投以崇拜的目光,但实际上他们并不关心林恩内心的真实感受。林恩和战友们所要做的就是进行一场精彩的表演,他们通过摄影、解释、传颂与报道而被娱乐化,被各种各样的美国人消费。也就是说林恩等人必须表现得像美国人心目中的英雄,他们崇拜林恩,只是因为精神

第六章 挑战错误的认知——同理心的疗愈作用

生活需要林恩,但这种需求会随着人们兴趣的转移而消失,到时候他们就不再需要林恩了。

之后,林恩等人开始和各种人打交道,有想利用他们赚钱的二流经纪人,有充满算计的球队老板,还有一群将他们当成异类的普通人。一个能源公司的老板似乎对林恩等人的战场经历十分感兴趣,他总是自以为是地向他们询问各种枪械的功能和杀人感受。

在橄榄球赛的中场进行表演时,林恩等人并没有感觉到身为英雄的荣耀,反而觉得自己像个动物一样被人们围观、议论,而且那些观看球赛的人根本不关心他们。更让林恩等人感到恼火的是,没有人告诉他们在表演结束后应该怎样离场,当他们不知所措地继续留在舞台上时,保安将他们驱赶下去。这些所谓的英雄立刻失去了光环,无法在自己的国家里获得尊重。

得州橄榄球队的老板希望根据林恩事件投资拍一部电影,他这么做并非是崇拜林恩,也不是因为尊重军人,更不是因为关心伊拉克战事,他只是想借着林恩来重塑自己心中的得州硬汉的形象,以满足自己作为一个高贵得州人的优越感,而林恩只是他满足优越感的工具而已。而且球队的老板只肯出 5500 美元的报酬,只比他脚上的皮鞋贵一点儿。他还告诉林恩,如果他们能够提前一周回国,报酬或许还能更高一些。

林恩对球队老板说:"你还不如那些圣战分子懂得尊重我们。"在伊拉克,圣战分子是林恩等人的敌人,他们随时可能会要了林恩等人的性命,但他们以命相搏的姿态让林恩等人感觉到自己被他们尊重。而球队的老板却只准备以这些钱来打发这几个士兵，企图买断他们的故事。没有士兵愿意参与拍摄这样一部电影，于是他们拒绝了这种娱乐化，决定还是回到前路生死未卜但真实的战场中，他们对那里更熟悉，更能获得归属感，也只有在那里他们才能感觉到身为英雄的悲壮感，而不是被世人当成可以消费的娱乐对象。

林恩还认识了一个姑娘，她是啦啦队的队长，林恩在等候区的时候和她认识，当时林恩对她说出了心里话，想要留下来陪她。但啦啦队的队长听完后立刻露出夹杂着失望、诧异和鄙视的表情，原来她爱的只是林恩的英雄光环，而不是林恩这个人，如果林恩留下来陪她，而不是回到战场，那林恩在她心中就失去了光环，变成了一个令人不屑的普通人。林恩看到她的表情后立刻说道："我开玩笑的。"

凡是参与过战争的人都会感受到自己的渺小和脆弱，终其一生都难以逃脱战争带给自己的阴影，他们在战场上经历着生死无常，随时可能结束生命。几乎每一名士兵都想要避免战争带来的心理创伤，他们在离开战场后需要得到人们的理解与支持，也就是说一名士兵想要避免心理创伤，得到社会支持是最重要的因素。

安东尼·斯沃福德曾跟随美国海军陆战队参与海湾战争，后来他将自己的这段经历写成了一本书《锅盖头》，书中记载了士兵们在面临战争、死亡这些创伤性事件时如何安慰彼此。士兵们在参与一场战役前，知道了敌方很可能拥有化学武器，这意味着他们极有可能会死在战场上，于是他们举办了一场拥抱聚会。他们已经做好了赴死的准备，在死之前他们希望得到心理上的安慰，而拥抱是最

第六章 挑战错误的认知——同理心的疗愈作用

直接、最有效的方式。

在拥抱中,每个士兵都感觉到被理解、被支持,感觉到彼此的需要,他们愿意对彼此敞开心扉,感觉自己又像一个人了。

拥抱是一种十分常见的以安慰为目的的身体接触动作。当一个人感到痛苦时,他尤其渴望拥抱,因为拥抱这种安慰性的动作能极大地缓解他的痛苦。而且当我们看到别人遭遇不幸时,我们就会发现自己难以用语言来安慰对方,于是只能通过拥抱的方式来安慰对方。在战争、地震等灾难中,在葬礼上,在医院的病床边,以拥抱来进行心理安慰的方式尤其常见。因为我们能从拥抱中感受到温暖,更为重要的是能感受到理解和支持,人们只有在理解了对方的感受和痛苦后,才会展开双臂给对方一个拥抱。

林恩等人显然没有得到社会支持,不然他们也不会选择回到战场。林恩完全可以留下来,他是战斗英雄,有足够正当的理由离开部队,留在家人的身边,而且他的姐姐那么爱他,一直不肯接受他主动回到战场的行为,毕竟最初林恩选择参战也只是为了躲避被起诉。林恩在国家里感受不到被理解和被支持,哪怕是最爱他的姐姐也不理解他。一个人如果不被理解,就会被巨大的孤独笼罩,除了战友外,其他美国人根本无法理解他这个经历过战争创伤的人,这是一种更为边缘化的状态,会令人感觉孤独、无归属感。

林恩作为一个英雄,得到了所有人的关注,但这些人只关注他身为英雄的光环,无法理解他这个人。林恩没有归属感,他的孤独感渐渐扩大,扩大到无法忍受的地步,他无法与这些人建立真正的连接。好在有战友陪在林恩身边,对于林恩来说,他能在战友身上感受到归属感,他和战友有着相同的经历、战争创伤,战友更加理解他,比爱他的姐姐还要理解他。

于是林恩做出了一个选择,那就是回到战争中去,回到战友的身边。他这么做不是为了荣誉,也不是为了国家,只是为了不再感到孤独。对于林恩来说,国家已经不是他的归属,敌国伊拉克更不可能是他的归属,他只能跟着战友回到那辆装甲车上,和战友们无声地坐在一起,虽然他们彼此之间不会表达,却能感觉到自己被理解、被懂得,他们彼此间相互珍惜、相依为命,部队就是他的归属地。

林恩没有想成为英雄,他的英雄之路只是个意外,当时他不是为了成为英雄才和敌人近身搏斗,只是迫不得已的选择,他是在恐惧和求生的欲望的驱使下杀死了敌人。可没有人关心他在和敌人肉搏时的恐惧,人们只是对林恩这样参与过杀人的士兵感到好奇而已,因为那是他们未知的世界。而且他们在向林恩提问的时候,只希望得到他们心中所期望的答案,至于林恩的感受,他们根本不在意,他们从未想过真正去了解军人的生活,也不知道战争的可怕。林恩成为英雄的那一天,是他一生中最悲惨的一天,他失去了生死与共的战友,自己也差点丧命于敌手。

对于人类创伤体验而言,与战争这类人祸的创伤事件相比,自然灾害所带来的创伤体验更容易让人接受,一个经历过自然灾害创伤事件的人更容易从创伤的阴影中走出来。人为创伤事件给人们带来的心理冲击更大,尤其是你很熟悉的人给你带来的创伤,会更

第六章 挑战错误的认知——同理心的疗愈作用

为强烈,例如林恩在得知球队老板只肯出一点儿钱来让他们演电影时,他感觉到了侮辱:"你还不如那些圣战分子懂得尊重我们。"对于林恩来说,球队老板是个美国人,与伊拉克士兵相比,球队老板更像自己人,可就是这样的自己人,给自己带来的伤害更强烈。

在人为创伤体验中有这样一条规律,关系越是亲密,创伤体验越是强烈,例如在强奸创伤体验中,如果犯罪者是熟人,那么受害者所遭遇的创伤体验要远远比遇到陌生犯罪者更强烈,而且这种伤害的持续性会更久。这其实是一种社会伤痛,每个人都处于一个复杂的社会关系网络中,在这个网络中,我们能感觉到自己与他人之间是相互连接的,从而获得了心理上的支持,这种心理支持有利于每个人保持心理健康。可人为创伤会破坏这种心理支持,因此这种社会伤痛会带给人更强烈的伤害。也就是说,一个人是否能从创伤事件中恢复,取决于他是否获得了社会支持,是否得到了他人的理解。

一个人经历灾难、惊吓事件或者不可承受的损失时会出现创伤体验,这种创伤体验会引起许多症状,例如惊恐发作、焦虑、沮丧等心理障碍,这些心理障碍就是创伤性应激障碍。创伤体验会使一个人的同理心受损,因为他无法从他人那里获得理解,其他人没有这种创伤体验,通常无法理解他,而不被理解意味着他与他人的社会联系被切断,他一边要被创伤所带来的阴影折磨,一边要承受巨大的孤独,不被理解的孤独。

在越南战争中,有591名美国士兵被俘虏并被关押在河内希尔顿战俘营。在这里,战俘们要定时接受惩罚和折磨,其中最常见的

共情力与同理心

虐待方式是吊刑和单独拘禁。吊刑是北越士兵最喜欢的折磨人的刑罚,具体做法是将战俘的双手吊在天花板上持续几个小时。凡是经历过吊刑的人都会留下一个后遗症,双手无法举过双肩,例如美国参议员和总统候选人约翰·麦凯恩就曾在河内希尔顿战俘营接受过吊刑,他的双手至今无法举过双肩。这是一批被关押时间最长的战俘,有的人被关押了十几年,就连麦凯恩也在战俘营待了五年半。

按照常理推断,这些遭受了长期折磨的战俘在战争结束后回到美国,应该最容易患上创伤性应激障碍,但统计结果却恰恰相反,他们比其他参战士兵的心理更健康,是有记录以来退伍士兵中患创伤性应激障碍概率最低的,只有4%的战俘被创伤性应激障碍困扰。为什么会这样呢?这与社会支持密切相关。

战俘们的社会支持一方面来自相互支持,他们在被俘之前是一个紧密相连的团体,是飞行员和空勤人员,而且在参战之前接受过十分严格的军事训练,这个训练的过程使得他们可以在飞行学院里时相互了解。因此他们在参战乃至被俘后一直是一个团体,团体成员之间彼此相互支持、理解,这种社会支持在帮助他们战胜创伤体验、恢复心理健康上起到了极大的作用。

而且河内希尔顿战俘营的特殊地理位置决定着这里的战俘很稳定,他们自从被关押在这里后就没离开过,也就是说战俘的流动性很低。这有利于战俘们彼此之间建立稳定的关系,他们相互关心、支持、团结,生活虽然过得十分艰难,还要时不时地被吊起来,但他们的心理状态一直因为团体支持而保持着乐观。凡是新战俘,在

第六章 挑战错误的认知——同理心的疗愈作用

刚被关押的时候都会经历一段时间的沮丧、痛苦,但老战俘会主动关心他,开解他,就好像给新战俘进行心理辅导一样,让新战俘尽快地适应战俘营的生活,尽快从沮丧、痛苦的心理状态中走出。

詹姆斯·斯托柯代尔是河内希尔顿战俘营的著名战俘之一,战后获得了荣耀勋章。詹姆斯在战俘营的地位最高,他在描述战俘营的生活时说,自己在战俘营中扮演的角色就像是这个特殊团体中的主席。

另一方面,战俘们在回国后获得了社会支持,他们被当成英雄,且受到了隆重的欢迎,美国总统尼克松还专门在白宫为他们举办了一场特别的晚宴,与其他参战士兵形成了鲜明的对比。其他从越南战场上撤回的士兵在回到家乡后不仅不受欢迎,反而还遭遇了质疑和敌意,因为当时的美国人认为参加越南战争的美国是非正义的一方,再加上美国士兵的负面新闻,导致许多美国人对参战士兵充满了误解,认为他们就是刽子手,但事实却是这些士兵也不想参战。这些没有获得社会支持的士兵回国后的生活通常很艰难,他们一边忍受着指责、不被理解,一边努力对抗战争带给自己的创伤体验。

再者,河内希尔顿战俘营的战俘们在参战前普遍接受了高等教育,全都上过大学,再加上他们回国后被当成英雄,这意味着他们回国后能成功找到工作,不必被失业的问题困扰。一份稳定的工作有利于他们成功找到结婚对象,家庭也属于社会支持的一种,他们能与家人建立连接,与家人彼此相互理解、关心和支持。

林恩虽然也被当成了英雄,但他的体验却与战俘们相反。战

共情力与同理心

俘们归国后所受到的欢迎是真诚的,也就是说他们所经历的苦难和痛苦得到了美国人的认可和理解,他们会因此觉得受苦是值得的,并认为这段苦难的经历赋予了人生与众不同的意义,典型代表就是麦凯恩。当麦凯恩提到被俘的这段经历时说:"囚禁锻炼了我的意志力,使我变得更加自信,我十分感谢这段经历,我拒绝提前释放,这段经历给我的生活带来了巨大的改变。"后来麦凯恩被当作英雄,他的这段经历也被反复传播。而林恩表面上是个英雄,却被人们当成了一个娱乐化的消费对象,他和战友们所经历的苦难没有得到人们的认可,他们只是橄榄球比赛中的一个插曲,一个表演节目,当表演结束后就必须离场。

在突发性的创伤事件中,人们往往不知道该如何反应和处理,只能按照本能行事。等事情过后,人们才会缓过神儿来,然后开始梳理整个事件,这个梳理的过程其实就是一个自我疗愈的过程。如果他在梳理过后发现自己当时的反应是正确的,并认识到这一系列糟糕的后果并非是自己的责任,那么他的自我疗愈就基本完成了,他也能很快地从创伤体验中走出来。此外他还需要周围人的理解和支持,需要有人告诉他,这一切并非是他的过错,他当时的反应是正确的,并让他相信他自己有能力恢复过来,这种理解和支持十分有利于他的自我恢复。

电影《嘉年华》中的小文是个12岁的女孩,上小学六年级。一天,小文和同学小新被当地的一个高级官员刘会长带到了一家旅馆,并开了一间房。当时小文和小新不知道即将发生什么,她们第

第六章 挑战错误的认知——同理心的疗愈作用

一次来旅馆,于是开始相互打闹玩耍。后来刘会长从隔壁房间走出来,进到了小文、小新所在的房间。

第二天,学校老师注意到这两个小女孩的精神状态明显不对劲,老师在从她们口中了解了所发生的一切后,立刻跟她们的家长联系,并报了警。之后,在警方的安排下,小文、小新被送到医院接受检查,检查结果显示两人均遭到了性侵,这将成为小文、小新一生的阴影,可比性侵更可怕的是人们的不理解和质疑,甚至是责骂。

小文的父母已经离异,她和妈妈一起生活。当妈妈得知女儿遭遇性侵后,她的第一反应不是安慰,也不是想办法将犯罪者绳之以法,而是指责。她将小文的一头长发剪掉,还指责小文:"谁叫你穿那些不三不四的衣服!"其实小文的着装没有任何问题,她从未穿过不三不四的衣服,她只是和许多普通女孩一样爱穿漂亮的裙子。小文无法忍受妈妈的指责,于是选择了离家出走,她去找到了爸爸,她想得到爸爸的理解,遭受性侵根本不是她的错,她是一个受害者。可软弱无能的爸爸根本不接受小文,他让前妻把女儿接走。

除了要忍受妈妈的责骂外,小文还经历了各种折磨。小文在医院接受了两次检查,先后得出了不一样的结果,第一次检查的结果是性侵,第二次是处女膜完好,因为医院被收买了。而且医生不顾小文的感受,随意地接受媒体的采访,将检查结果公开,让小文一下子成了人们议论的对象。警察也在小文的伤口上撒盐,以调查为由多次要求、逼迫小文回忆当晚的遭遇,这对小文来说就是二次伤害,那段痛苦的经历她想要忘掉,可警察逼着她一次次地回忆。

共情力与同理心

在创伤体验中，心理疏导是不可或缺的一部分。在心理疏导的过程中，受害者需要被理解、支持，需要将自己从整个事件中抽离出来，远距离地重新审视该事件的全貌。这样受害者才能理解自己当时的反应，了解自己的反应是正常的，他无法阻止事情的发生。

但在小文的妈妈看来，如果女儿放学后按时回家，不和同学外出玩耍，不留长发、不穿裙子，她就可以避免遭受性侵。她的指责无法让小文理解自己当时的反应，使得小文无法从性侵的整个事件中抽离出来，她会因为母亲的责备而自我责备，从而丧失了一次十分重要的心理疏导的机会，或许周围人的不理解和指责会使小文终其一生都无法走出性侵的阴影。如果小文的妈妈能倾听女儿的遭遇，让女儿将自己糟糕的感受宣泄出来，并站在小文的角度理解她、支持她，这对小文来说将是莫大的鼓舞。

第七章 走出自我,走进他人内心——改变人际关系

情绪强大的裹挟力

某饭店发生了一起冲突,冲突双方是宋女士和一名女大学生。当时宋女士和另外一名家长带着两个女童吃饭。吃饭期间两个女童在一起玩耍,而邻桌的女大学生似乎觉得孩子太过吵闹,就快速走过去朝着宋女士的女儿辰辰踹了一脚。这段视频一经发布,立刻在网上引起了轩然大波,很快警方表示已经介入调查。随着事件的发酵,饭店将完整视频公布出来。

在完整视频中,女大学生并未踹到辰辰,她踢到的是椅子,事后她表示自己当时觉得辰辰的吵闹让自己心烦不已,于是就踹了她的椅子。她承认自己当时很冲动,并承诺愿意道歉并赔偿。宋女士的行为也有许多欠妥之处,她不仅在饭店乱扔东西,还扇了劝架的店员好几巴掌,事后宋女士表示她当时只是护女心切,并承诺愿意道歉。

这件事本应该因为双方的互相道歉而结束,但网络上对该事件探讨的热度持续了好几天,网友们主要在讨论当遇到"熊孩子"时如何应对。有许多网友十分赞同视频中女大学生的行为,认为遇到熊孩子就不应该客气,而是直接教训他,熊孩子的问题就是孩子家长的问题,熊孩子的背后往往是一个蛮横的家长或对孩子教育方式欠妥的家长。网友们会如此认同女大学生的行为，是因为现实生活中的熊孩子很多，有许多熊孩子根本不顾场合是否适宜就开始胡闹，会影响他人，而且他们的家长的态度通常是袖手旁观，可一旦孩子吃亏了，家长就会暴跳如雷地站出来维护。

该事件中的宋女士、女大学生、支持并同情女大学生的网友们的思维都被强烈的情绪裹挟了。情绪具有强大的裹挟力，就好像脱缰的野马一样，而我们的思维和理智常常会被情绪强大的裹挟力支配。

从完整视频中可以看出，宋女士在面对女大学生踹向自己女儿的时候，虽然女大学生最终踢到的是椅子，但她踹向的的确是宋女士的女儿，宋女士当时一定非常生气，出于母亲保护孩子的本能，她自然会上前理论。当双方发生争执后，店员出面调解，然而此时宋女士的情绪已经失控，她完全丧失了理智，甚至对无辜的店员动起手来，完全意识不到她的女儿的确吵闹，影响了他人用餐。

女大学生突然冲过去踢孩子的椅子以表达自己不满的行为也属于过度反应。面对一个只有 4 岁的孩子的吵闹，她应该去找孩子的家长宋女士协商，而不是直接对孩子施加过度的干预，以踢椅子的方式来制止孩子的吵闹，这种行为显然已经不属于正常反应。如果她当时再过激一点儿，就可能无法控制自己踹向孩子，这样她就有了违法之嫌。其实面对熊孩子最理智的做法是找家长协商，家长应该对熊孩子的言行负责，作为一个成年人，她不应该以"踢"孩子的方式来解决此事。

在网上支持并同情女大学生的网友们显然是在借此事发泄自己

共情力与同理心

对熊孩子的不满,他们和当事人一样也被自己的情绪裹挟,因此在发泄不满情绪的时候支持女大学生的行为,却没有意识到支持暴力是不对的,尤其是支持对孩子的暴力。其实在现实生活中,网友们未必会像女大学生一样采用不合理的暴力方式来应对熊孩子,网友们通常会选择忍耐,不和熊孩子一般见识,因此才会借助该事件大肆发泄自己对熊孩子的不满,而这种群体性的情绪宣泄只会滋生更多的暴力与非理性情绪。

心理学家认为,人类有四种基本情绪,即快乐、愤怒、悲伤和恐惧。其他的情绪则是由这四种基本情绪衍生而来,例如厌恶的情绪,就是由愤怒衍生而来,是程度低一点的愤怒;焦虑、担心、惊讶则是由恐惧衍生而来,是程度低一点的恐惧。

我们每个人都能体验到情绪,情绪对人的影响力非常大,尤其是愤怒、恐惧这样激烈的负面情绪具有更强的裹挟力,会裹挟我们的理智和思维。当我们被愤怒、恐惧这样的情绪支配的时候,我们会进入一种强烈的生理唤醒状态,面对战斗或逃跑的抉择。通常情况下,如果我们的生理唤醒水平很高的话,我们的各种激素会出现变化,甚至肌肉都会出现收紧的状态,这时我们的感知能力会下降,除了愤怒和恐惧外,感知不到其他,我们会自动无视其他的感觉,将注意力都集中在战斗或逃跑上。例如在上述案例中,宋女士被女大学生的行为激怒,她陷入了战斗的状态,因此出现了许多过激的行为,扇打无辜店员、乱扔东西等,除了愤怒的情绪,宋女士的感知能力已经无法感觉到其他,她的思维能力和理智已经完全被

第七章 走出自我，走进他人内心——改变人际关系

愤怒的情绪裹挟。

我们通常会将情绪分为积极情绪和消极情绪两大类，在四种基本情绪中，愤怒、悲伤和恐惧通常被归为消极情绪，尤其是恐惧和愤怒这两种情绪，具有的裹挟力更强。这四种基本情绪都是人类的本能，在当今社会，愤怒和恐惧被认为是消极情绪，是因为我们不用面临远古时期的危险，我们的生活环境基本上不用动用愤怒和恐惧的本能，可这两种情绪却会时时刻刻出现，影响着我们的生活。

以恐惧情绪为例。在远古时期，恐惧情绪可以起到保护一个人生命安全的作用，一个没有恐惧情绪的人基本上不会活下来。恐惧情绪出现得非常迅速，迅速到不需要经过思维，直接略过理智，我们的身体会在瞬间接收到恐惧的信号，体内的激素会出现变化，肌肉紧绷。恐惧情绪发给我们身体的这个信号，实际上是让我们的身体变得警觉起来，并以最快的速度避开危险。例如在看到野兽时，人会产生恐惧情绪，然后提高警惕，以最快的速度逃离。如果一个人没有恐惧情绪，只用理智来考量所面临的危险，那么他极有可能会成为野兽的盘中餐。

如果说恐惧的情绪是帮助我们离开危险，那么愤怒的情绪则恰恰相反。愤怒的情绪极具破坏力，与恐惧带来的逃跑反应不同，愤怒带来的反应是战斗，是攻击力，能起到警告的作用，将对方吓走。

总的来说，不论是积极情绪还是消极情绪都有其合理的一面，我们应该正确看待情绪，先接纳情绪，不要急于从情绪中逃离或陷入自责，进而学会和情绪相处，避免被情绪裹挟、控制。一旦我们

共情力与同理心

被情绪的裹挟力控制，情绪就会破坏我们理智思考的能力。为了避免被情绪裹挟，我们应该学会处理常见的情绪管理误区。

提到情绪管理，我们常常会想到控制情绪，当出现消极情绪的时候，我们会对自己说："我不应该听从自己的感受，我要控制这种情绪，这样不好，这不应该。"其实我们越是想要控制自己的情绪，情绪就会越糟糕，反过来我们会被情绪控制。情绪会持续存在，甚至因为一点儿小事彻底爆发，就像用油扑灭火一样，火势只会越来越大。

对待情绪我们应该做的是接纳、疏导，并适当进行宣泄，而不是控制。想要做到这些，我们就必须让自己放缓节奏，对自己保持耐心，问一问自己此时此刻的感受，这样做其实就是以宽容的心态来接纳、感知和理解出现在自己身上的各种情绪和感受。这在处理人际关系中是必不可少的，如果我们连自己的感受和情绪都无法接纳，何谈在意并理解他人的感受。

压抑情绪也是我们常见的情绪管理武器，尤其是压抑悲伤情绪。我们的文化总是强调坚强的重要性，例如我们常常可以听到"化悲痛为力量"的话，电视上也经常宣传一些遭遇不幸而努力坚强的案例。一些记者在去灾区进行采访的时候，通常也会用"要坚强、不要哭"之类的话来鼓励受灾的人。这都是在压抑自己的情绪，其实这个时候最好的选择不是压抑，而是宣泄。

当我们强行压制悲伤之类的消极情绪的时候，它并未消失，而是慢慢积累起来，最终造成我们的心理问题或生理问题。当然情绪

第七章 走出自我，走进他人内心——改变人际关系

管理不一定非要宣泄，但一定不要压抑。当出现伤感之类的消极情绪时，我们应该顺其自然等它过去，只要情绪不会对自己和他人造成伤害，可以放任情绪发展，它会随着时间而渐渐消失。如果你总是被某种消极情绪困扰，甚至可能会给他人带来伤害时，你就应该认真处理，寻求专业的帮助。

在人际交往中，我们如果发现自己出现了十分强烈的情绪，应该努力让自己缓一下，这会使我们的情绪得到缓和。强烈的情绪不仅会裹挟我们的思维能力和理智，还会裹挟我们的同理心，人在强烈的情绪下是无法产生同理心的。例如当一对情侣发生争吵时，双方都会被强烈的情绪控制，会指责对方的错处，将对方贬低得一无是处，双方都只在意自己的感受和情绪，无法做到理解对方。

在上述案例中，不论是宋女士还是女大学生，她们都感觉自己受到了伤害或被侵犯了，所以她们都爆发出了愤怒的情绪，并很快付诸行动，出现了冲动、过激的行为。如果她们能在情绪爆发的时候，让自己缓和一会儿，有意识地思考自己为何如此，自己的感受如何，那么同理心就会被激发出来，她们就会接纳自己的情绪感受，也就不会那么冲动和过激了。

我们除了要学会缓和自己的情绪之外，还应该学会帮助他人缓和情绪，将对方从情绪爆发的旋涡中拽出来。我们不能轻易被对方的情绪裹挟，例如宋女士就被女大学生的愤怒情绪裹挟了，她应该冷静地看待对方的情绪，找出对方情绪爆发的原因，帮对方冷静下来。

每个人都有过被情绪裹挟的经历，当情绪爆发的时候，自己

共情力与同理心

根本无法阻挡，会做出一些冲动、过激的行为，等自己冷静下来后就会追悔莫及。因此我们应该学会放缓节奏，让自己冷静下来。只要人冷静了，思维能力和理性就会自动恢复。同样，当我们发现一个人沉浸在愤怒或悲伤中的时候，不要帮助他思考，也不要告诉他"你不应该这样"，而是帮助他冷静下来，等冷静下来后他自然就知道自己该怎么做了。

你对我敞开心扉，我对你坦诚相待

小胡是一名55岁的退休女性，她和丈夫已经结婚30年，最近她得知丈夫在外有个情人。一个亲戚曾看见她的丈夫带着一个40岁左右的女人和一个小孩回老家，于是亲戚就把这件事情告诉了小胡。

得知丈夫有外遇后，小胡开始给丈夫发微信，她发的信息的内容主要是控诉他的不忠以及对夫妻关系疏远的不满。小胡对丈夫有着非常强烈的痛恨情绪，但她的表达却显得很隐晦，而且让自己完全陷入个人情绪中，拒绝倾听和理解，后来丈夫就把她拉黑了。其实之前两人也曾当面交流过，但在和丈夫沟通的时候，小胡一直无法保持冷静，无法控制自己，像机关枪一样说个不停，整个沟通的过程就是小胡在自说自话，她不给丈夫任何回应的机会，最后丈夫只能选择不回应，并且不再回家，两人只能暂时分居。

其实从去年开始，小胡就感觉到他们的夫妻关系出现了问题，她觉得两人待在一起很不快乐，偶尔还会为一些琐碎小事争吵。面对婚姻出现的问题，小胡没有告诉任何人，她的父母、朋友都不知道她的婚姻状况，女儿在另一个城市工作，也不知晓。她平时很喜欢参加各种旅游和聚会，对婚姻问题三缄其口，她习惯了隐瞒和掩藏，得知丈夫有外遇后就更难说出口了。其实小胡与丈夫的沟通很

共情力与同理心

成问题,她总是容易抱怨、指责丈夫,很难向丈夫敞开心扉,她对婚姻感到不满意,丈夫也是如此。

自从分居后,两人就过起了各过各的生活,经济上划分得很清楚,各自掌管着自己的收入,各忙各的,各玩各的。有时,小胡觉得自己很长时间没和丈夫见面了,就会给他打电话,但丈夫为了不听她指责,从未接过电话。小胡也曾尝试着到丈夫的住处为他打扫卫生或送换季衣服,但都被拒绝了,被拒绝的小胡觉得丈夫对自己太冷漠,但她从未想过离婚。丈夫曾提出离婚,但离婚的态度并不十分坚决,他告诉小胡,如果愿意离婚,两人就和和气气地去办离婚手续;如果不愿意离婚,两人就继续各玩各的,谁也别管谁。

小胡想要改善目前的婚姻状况,却不知道该向何人诉说和请教,她只能向心理咨询师请教。在心理咨询一开始时,小胡就将自己的婚姻状况告诉了咨询师,她说自己已经结婚30年,两个月前得知丈夫在外有情人。

咨询师就问:"你对你丈夫外遇的女人都了解了哪些信息?"

小胡说:"不知道。"

咨询师问:"那你是怎么发现丈夫有外遇的?"

小胡说:"从一个亲戚那里知道的,那个亲戚是绝对不会骗人的。"

咨询师问:"那个亲戚是怎么知道的呢?"

小胡说:"他在回老家的时候看到我丈夫带着外遇的女人和小孩回老家。"

第七章 走出自我，走进他人内心——改变人际关系

咨询师问："你知道后，是怎么处理这件事情的？"

小胡说："我直接问了他，但是他不承认也不否认，我也就无法知道更具体的事情了。我们目前的关系很糟糕，相处起来感觉很不舒服，他在我面前很封闭，什么也不愿意说，我感觉自己都抑郁了。我刚知道他有外遇的时候，他就提出离婚，当时离婚协议都拟定好了，但最终没有签下来。不久前他又提出了离婚，这次的态度很坚决，我很想努力挽回这段婚姻。"

咨询师问："你知道你老公的情人的大概年龄和身份吗？"

小胡说："是个42岁的离异女人。"

咨询师问："你和丈夫一起生活了30年，这么多年的婚姻曾发生过什么事情吗？你的感受是怎样的？"

小胡说："没有什么事情，一切都很顺利。"

之后小胡就开始向咨询师求助，想让咨询师给自己支招，她觉得自己已经把婚姻状况和所遇到的问题都和咨询师讲清楚了，她只想知道该如何应对丈夫，才能让丈夫回心转意。可咨询师却认为小胡所叙述的内容过于简洁，咨询师根本感觉不到小胡的痛苦和焦虑，小胡将自己的情感、情绪隐藏起来了，就好像在叙述另一个人的故事。咨询师想要和小胡进行深入的交流和探讨，但小胡却拒绝继续沟通，她其实一直在回避问题，这导致咨询师无法真正了解她的婚姻状况，也无法给出具体的建议。但小胡根本不肯多讲，她只是想知道该如何应对外遇的丈夫。

每个人都有自己的隐私，有属于自己不愿透露给其他人的小秘

共情力与同理心

密,我们害怕被别人看穿,因此在处理人际关系的时候,我们会避免暴露自己真实的内心,因为怕显得自己很愚蠢,这其实是不信任的心理在发挥作用。在人际交往中,我们很容易戴着面具,将自己的真实情感、情绪遮掩在面具下,压抑自己的情绪,将自己的恐惧隐藏起来,不肯将自己的焦虑表现出来。可过于隐藏自我会给人际交往带来障碍,毕竟交流是相互暴露自我的过程,只有你先对他人敞开心扉,对方才可能对你敞开心扉。

在心理咨询中,来访者深层次的自我暴露十分重要,咨询师可以从来访者的自我暴露中了解许多关键的信息,找到来访者的问题所在,从而解决问题。在上述案例中,小胡却只是简单地将自己的婚姻状况告诉了咨询师,然后就不肯再透露信息,而且连自己的情绪都隐藏起来。她这样隐藏自我,不肯自我暴露,心理咨询就无法进行下去,因为咨询师根本无从了解她。其实小胡在处理人际关系时也有这样的问题,她从不肯自我暴露,也就是说她的人际关系只浮于表面,她和闺密之间只以旅游和聚会为主,经常在一起吃喝玩乐,却几乎不会进行深入的交流。即使在面对丈夫时,小胡也不会轻易暴露自我,例如她在得知丈夫有了外遇,去质问丈夫的时候,她也在隐藏自己对丈夫出轨的愤怒情绪。小胡的婚姻问题很大程度出现在沟通上,小胡在与丈夫沟通的时候虽然一直在不停地说,却从未进行自我暴露,她不肯敞开心扉,也不肯给丈夫说话的机会。

如果说在心理咨询中深层次的自我暴露十分重要,那么在人际交往中适当的自我暴露也十分重要。适当的自我暴露可以显示一个

第七章　走出自我，走进他人内心——改变人际关系

人对人或事物真正的态度，这有利于沟通双方产生共鸣，如果双方能够达到情感、情绪上的共鸣，那么彼此就会产生信任。如果双方都能进行适当的自我暴露，那么他们就是在交换信任，这有利于关系的进一步发展。

自我暴露具体是指一个人在一定情境中自愿将自己真实的私密信息展示和表达出来。自我暴露有利于一段关系变得更亲密，是发展深刻关系的关键途径。

自我暴露是一种对他人敞开心扉的能力，具体是指一个让他人了解自己的过程，是将和自己有关的信息告诉对方，和对方分享自己的心事、情感。自我暴露的核心在于拥抱自己的脆弱，将自己的不安、弱点等脆弱的一面展现在他人面前。在当今社会中，我们大多数人所接受的教育是隐藏起自己脆弱的一面，似乎将脆弱的一面展现出来就是承认自己失败，是在展现自己的缺点，是懦弱的表现。

在人际关系中，如果双方都能向对方展现出自己脆弱的一面，进行适当的自我暴露，例如承认自己信心不足或感到恐惧、焦虑，那么就能够促进同理心的产生，使得这段关系更加深刻，同时也能使自己的问题得到解决。例如小胡的婚姻其实存在很多问题，或许在丈夫出轨前就有许多小问题，她可以通过向父母、闺密倾诉让问题得以解决，可她选择了隐瞒，对婚姻问题三缄其口，最终矛盾积累得越来越大。

自我暴露有两个基本的维度，即广度和深度。其中广度自我暴露比较容易，是在与他人交流时将谈论话题的范围拓宽。相对地，深度自我暴露则比较困难，主要涉及自己的一些消极的情绪或痛苦

的回忆，例如一个人过去复杂的情感经历，或是一直埋在内心深处的痛苦回忆。

在任何一种关系中，带着同理心倾听都十分重要，人人都有被倾听的需求，可如果你总是强调倾听，而忽略了沟通的反面——倾诉，那么对方就会产生警惕，他会想："我已经将自己最重要的秘密告诉你了，你却从来不肯向我分享你的秘密。"这种单方面的倾诉不利于双方关系的发展，对方甚至可能会远离你，因为他在你面前是敞开的，而你的自我是隐藏起来的，这会让他感到不安。一个人在自我暴露的同时也希望对方说一些关于自己的私密信息，倾诉是相互的。可在沟通中进行自我暴露需要极大的勇气，这意味着我们可能会将全部的、真实的自己暴露在对方面前，对方可能无法接受。

如果没有自我暴露，那么沟通就不再具有意义，沟通的目的是让彼此更加了解对方，使两个人的关系更加亲密，否则沟通就只能是闲聊瞎扯，无法拉近关系。你如果想要使一段关系变得更加深刻、亲密，想和一个普通朋友变成知心朋友，那么就应该在沟通的过程中进行深度的自我暴露，除了分享一些日常琐事、个人爱好外，还应该多交流一些自己内在的想法和感受。

自我暴露特别适用于亲密的关系，心理学家发现，充分的自我暴露能够加深伴侣之间的默契和亲密度。在伴侣关系中，如果伴侣中的一方进行自我暴露，向对方倾诉自己内心的想法，那么就会引起对方"响应式的暴露"，会促使对方产生倾诉内心想法的冲动："因为你对我敞开心扉、没有防备，作为回报，我也对你坦诚

第七章　走出自我，走进他人内心——改变人际关系

相待。"此外，当我们对伴侣进行自我暴露时，通常会得到对方的认真倾听和回应，自我暴露得越多，对方越了解自己，我们在感到自己被伴侣理解、接纳的同时，伴侣会觉得这是你对他的依赖和信任。如果双方能够互相进行自我暴露，那么双方之间的关系会越来越深刻，彼此在感到被理解的同时，还产生了信赖和信任。

许多人都难以接受自我暴露，感觉自我暴露好像是将自己的面具卸下来了，自己一下子变得渺小脆弱，是个失败者。这其实是缺乏安全感的表现，不肯对他人产生信任，也无法体会到信赖他人的感受，其实我们只有选择信任他人，才能获得真正的安全感。而且当你将心事倾诉给对方时，你反而更能得到对方的理解和认真倾听，对方会对你的焦虑不安感同身受，对你产生同理心。

心理学家认为，良好的人际关系是随着自我暴露的逐渐增加而发展起来的。当我们与他人交往得越来越多时，双方的信任程度和亲密程度就会提高，从而越来越多地暴露自己，双方就会从"点头之交"变成推心置腹的好友或伴侣。

如果一段关系中没有自我暴露，那么这段关系的维持就会变得十分困难，双方就会渐渐疏远。在许多瓦解的关系中，有的因为巨大的矛盾而瓦解，例如对方犯了大错，使你深受伤害，从而结束了这段关系；但也有很多关系是渐渐疏远，双方不经常见面，没有日常基础，再加上双方从来不进行深刻的交流，从不暴露自我，不肯让对方了解自己目前的感受，从而使彼此之间越来越疏远，最终这段关系在疏远中结束。

共情力与同理心

自我暴露的内容十分广泛,可以是相互分享自己对音乐、美食、书籍方面的偏好,也可以是将自己内心最真挚、最深沉的希望与恐惧暴露给对方,彼此之间进行心灵上的碰撞。不论是哪种类型的自我暴露都有利于关系的建立和加强,而且在维持关系中起着举足轻重的作用。

心理学家根据自我暴露的广度和深度将自我暴露分为四个层次。在人际交往中,开始通常都是低水平的信任和自我暴露,随着双方关系的进展,双方的感情越来越亲密,自我暴露和信任水平会越来越高。

第一层次主要涉及兴趣爱好、生活习惯等方面。

第二层次主要与态度有关,例如表达自己对某人、某机构的态度和看法等。

第三层次涉及自我意识和个人的人际关系状况,例如将自己与伴侣的情况告诉好友,并分享自己遇到的问题或情绪。

第四层次主要和隐私有关,例如将自己不为人知的一面告诉对方,可能是不被社会所接受的一些态度、想法和行为等。

不同的关系所涉及的自我暴露层次是不同的,例如我们可能只会和同事进行第一次层次的自我暴露,而与伴侣进行第三层次或第四层次的暴露。一对热恋期的情侣通常在关系建立之初进行大量的自我暴露,可随着关系的发展和渐渐稳定,自我暴露会出现减少的现象,因为在一段长期关系中,双方会有意识地降低自我暴露的程度。

自我暴露虽然会促进彼此之间的信任和理解,但这并不意味

第七章 走出自我，走进他人内心——改变人际关系

着从一开始就要进行大量的自我暴露，自我暴露需要根据上述的四个层次而逐渐深入。如果你刚和一个人认识，就开始大量地暴露自我，势必会引起对方的反感，使对方远离你。

研究显示，人们在人际交往中有自我暴露的偏好，自我暴露深刻地影响着人与人之间的交往。我们总希望得到别人的喜爱，所以会主动将自己的一些小秘密分享给对方。与守口如瓶相比，人们更喜欢那些会向自己暴露秘密的人。例如在一个演讲开始前，如果演讲的人主动向观众暴露自己的紧张情绪，那么势必会得到观众的认同，观众也会对他产生好感。

自我暴露不仅影响着他人如何看待自己，同时也影响着我们如何看待他人。在人际交往中，人们会下意识地喜欢那些曾经对自己暴露过小秘密的人，同时也会下意识地对自己喜爱的、信任的人暴露自我。

一段关系会因为双方的自我暴露而不断加强、加深，看起来自我暴露对人际交往有很大的好处，但在进行自我暴露的时候也要注意一些事项，否则自我暴露反而会破坏两人的关系。

首先是自己的自我暴露，在任何关系中我们都要牢记一点，不要过早过多地自我暴露，而是应该循序渐进。而且当你准备将自己不为人知的一面暴露在对方面前时，应该保证对方值得信赖。你还要学会正确地表达自己的想法，而不是直接将自己的秘密一股脑地倾诉给对方。

其次是他人的自我暴露，当对方向你暴露自我时，你应该做何

反应。当对方向你袒露自己内心真实的想法和感受时,你如果反应不当就会破坏两人的关系,因此学会应对他人的自我暴露在人际交往中是极其重要的。每个人都期望自己在倾诉的时候得到对方的理解和认可,如果对方只是听,而不给任何回应,我们就会觉得对方心不在焉、不在意自己。因此我们在倾听对方的时候,要将注意力都集中在对方身上,然后利用肢体语言、神态神情、简短的话语表达出对倾诉者自我暴露的理解。

此外自我暴露还要掌握适度原则,这点与我们中国人做事讲究中庸十分相似。所谓中庸,主要强调凡事有度,否则物极必反。自我暴露也需按照中庸原则来,过度或过少的自我暴露都不合适,中等强度的自我暴露最为适宜。

在与他人聊天的过程中,如果自我暴露过度,尤其是在没搞清楚对方是否接受的情况下,可能会遭到对方的排斥,如果你的自我暴露不符合对方的价值观,还可能会遭到对方的鄙夷,这会给你们接下来的交往增添阻碍,或许还会导致你们永远无法继续深入交流,无法成为朋友。就算你的自我暴露不会和对方的价值观发生冲突,初识就滔滔不绝地聊起自己的事情,显然也是不合时宜的。

相反,自我暴露过少会给人一种欲言又止的感觉,对方会觉得你是一个喜欢遮遮掩掩、防御心理过强、为人不够坦荡的人,像个阴谋家一样,无法使人感受到真诚。没有真诚,双方就无法建立信任。

因此,我们应该学会进行适当的自我暴露,可以先进行一点儿自我暴露,例如将自己平时的兴趣爱好告诉对方,促使对方也进行自我暴露，从而了解双方是否有相同的经历、感受、价值观、人格等。如果双方有许多相似之处，那么自我暴露就能增加共鸣，你就可以进一步增加自我暴露。

随着网络的发展，人际交往不再局限于面对面，人们可以通过网络进行人际交往，例如网络约会。与面对面的自我暴露相比，网络上的自我暴露更容易一些，因为面对面的交流涉及了许多方面，除了语言交流外，还有大量的非语言交流，而网络交流只涉及语言交流。自我暴露同样能促进网络交往的进一步发展，调查显示，在网络约会中，那些喜欢将自己暴露给对方，说话直率、不拐弯抹角的人更容易成功约会。即使隔着电子屏幕，对方也能从你的自我暴露中感受到真诚和信任。

需要注意的是，网络具有隐蔽性，人们可以在网络上随意地塑造自己的身份，例如名字、年龄、照片等都可以随心所欲地更改，这意味着人们在网络交流中可以随意撒谎，而不必担心被拆穿，也不用担心自我暴露的后果。我们需要对此进行分辨。

拒绝迅速评判的认知倾向

汤姆·索亚是马克·吐温创作的一个儿童形象,他是个调皮的孩子,与同父异母的弟弟希德居住在密西西比河畔的一个普通小镇里,姨妈波莉是他们的监护人。调皮捣蛋的汤姆总是让波莉十分头疼而又无可奈何,他总是能做出各种各样的恶作剧,例如偷糖吃、在教堂里逗狗等,汤姆还总是能想出各种办法来躲避惩罚。在波莉心中,汤姆就是一个需要随时管教和惩罚的调皮捣蛋而又幼稚的小孩。与汤姆相反,希德是个很乖的孩子,他几乎不给波莉惹祸,让波莉十分省心。

一天晚上,波莉、汤姆和希德在一起吃饭。白天时,汤姆遇到了自己暗恋的女孩贝基,所以他整天的情绪都很高涨。波莉看到兴奋的汤姆,一边纳闷汤姆怎么了,一边教训他不要用泥块砸希德。当时的汤姆因为第二天能见到贝基十分高兴,不仅不在乎姨妈的训斥,还当着姨妈的面儿偷糖吃。

波莉用指关节敲了汤姆一下以示惩戒,汤姆不服气地问:"希德拿糖吃,你怎么不打他?"波莉说:"他不像你,如果不是我看得紧,你都钻到糖堆里去了。"说完,波莉就转身去厨房拿东西。

这时,扬扬得意的希德当着汤姆的面从糖罐里拿糖吃,可是

第七章 走出自我，走进他人内心——改变人际关系

他手一滑，糖罐掉到地上摔碎了。本来非常难受的汤姆一下兴奋起来，他想看到姨妈惩罚希德。谁知等波莉回来后，看到地上摔碎的糖罐，直接认为是汤姆的错，扬起巴掌准备打汤姆。汤姆委屈极了："住手啊，你凭什么打我，是希德打碎的！"波莉愣了愣后说："你挨这一下也不屈，刚才我离开的时候不知道你又做什么坏事了。"

我们和波莉一样很容易犯下快速决定和匆忙对他人进行评判的错误，这种错误往往会阻碍同理心的产生。在人际交往中，不论有多了解他，我们都不应该根据过去的经验来评判对方的行为和情绪，而应该关注他当下的情绪和感受。

每个人都在不断变化着，这意味着我们无法确定一个人当下的想法和感受。在人际交往中，如果我们自认为很了解对方，给对方贴上某种性格的标签，认为他的情绪和感受是固定不变的，我们就无法做到理解对方，而只是从自己的角度去看待和理解对方，自以为很了解他。例如在波莉姨妈的心中，汤姆就是个调皮捣蛋的孩子，只有他这种到处惹祸的孩子才会做出偷糖并将糖罐打碎的行为，而这种认知无疑会给汤姆的心理带来伤害。

一个人会出现某种行为或某种情绪，是各种特定因素结合在一起造成的。在人际交往中，我们不能化繁就简，轻易地给对方贴上某种标签，然后根据这个标签来解释出现在对方身上的所有言行，还自以为很了解对方。例如一个女人很缺乏安全感，在上一段感情中因为缺乏安全感导致分手。她再次因为感情经历分手向闺密倾诉

时，闺密就不应该随意给她贴上缺乏安全感的标签："我都不用问就知道你在想什么，我比你自己还了解你，这次失恋又是因为缺乏安全感吧。"其实她这次分手的原因是男方出轨，如果闺密这样说她，将缺乏安全感这个标签作为解释她身上发生的一切事情的主要原因，那么她们之间的互动就无法进行下去。

  这种匆忙对他人进行评判的认知倾向会严重阻碍我们进行倾听。受这种认知倾向的影响，我们会不自觉地将注意力转移到自己的理解上，而不是倾听对方如何说，会不自觉地去总结，下结论。等对方倾诉完了，你就会迫不及待地想要表达出自己的理解。如果你想带着同理心去倾听、处理人际关系，就不要匆忙做出评判，不要根据你对一个人以往的理解做出总结，而是关注对方当下的感受和情绪，因为每个人都在变化，我们无法确定对方当下的想法和感受。